普通高等教育"十四五"规划教材

北京建筑大学教材建设项目资助出版

旧工业厂区绿色重构
韧性机理解析

李 勤　刘怡君　张梓瑜　编著

北　京

冶金工业出版社

2022

内 容 提 要

本书全面系统地阐述了旧工业厂区绿色重构韧性机理的基本理论、内容及方法。全书包括正文和附录两部分，正文部分共分 6 章，其中第 1 章探讨了旧工业厂区绿色重构韧性解析的基本内涵和主要框架，第 2 章系统梳理了旧工业厂区绿色重构韧性解析的相关理论，第 3~6 章分别从空间韧性、基础设施韧性、生态韧性、社会韧性四方面研究了旧工业厂区绿色重构韧性解析的内容、方法与措施；附录部分以案例形式展示了旧工业厂区韧性重构的探索和应用。

本书可作为高等院校城乡规划及建筑学等专业相关课程的教材，也可作为建筑师、规划师及工程技术人员的参考书。

图书在版编目（CIP）数据

旧工业厂区绿色重构韧性机理解析/李勤，刘怡君，张梓瑜编著. —北京：冶金工业出版社，2022.9
普通高等教育"十四五"规划教材
ISBN 978-7-5024-9213-7

Ⅰ.①旧…　Ⅱ.①李…　②刘…　③张…　Ⅲ.①旧建筑物—工业建筑—废物综合利用—高等学校—教材　Ⅳ.①X799.1

中国版本图书馆 CIP 数据核字（2022）第 122975 号

旧工业厂区绿色重构韧性机理解析

出版发行	冶金工业出版社	**电　话**	（010）64027926
地　址	北京市东城区嵩祝院北巷 39 号	**邮　编**	100009
网　址	www.mip1953.com	**电子信箱**	service@ mip1953.com

责任编辑　杨　敏　美术编辑　彭子赫　版式设计　郑小利
责任校对　葛新霞　责任印制　李玉山
北京印刷集团有限责任公司印刷
2022 年 9 月第 1 版，2022 年 9 月第 1 次印刷
787mm×1092mm　1/16；11 印张；262 千字；163 页
定价 36.00 元

投稿电话　（010）64027932　投稿信箱　tougao@cnmip.com.cn
营销中心电话　（010）64044283
冶金工业出版社天猫旗舰店　yjgycbs.tmall.com
（本书如有印装质量问题，本社营销中心负责退换）

本书编写（调研）组

前　　言

　　旧工业厂区是老城区的重要组成部分，绿色重构是新旧动能转换政策下的必然趋势，旧工业厂区绿色重构是可持续发展方向与生态文明建设下的必然选择，是城市更新与韧性城市建设的重要发展策略之一。本书深入剖析和阐述了旧工业厂区绿色重构韧性机理解析的基本理论、内容及方法。

　　全书包括正文和附录两部分。正文部分共分6章，其中第1章阐述了旧工业厂区、绿色重构、韧性理论的基本内涵，并归纳了旧工业厂区绿色重构韧性机理解析的框架；第2章从复杂适应、城市更新、海绵城市、智慧城市的视角，阐述了旧工业厂区绿色重构韧性机理解析的相关理论；第3章从建（构）筑物、景观空间、文化空间、材料空间等四个方面阐述了旧工业厂区空间韧性重构的内涵、方法与措施；第4章从交通组织、管网设施、消防设施、无障碍设施四个方面阐述了旧工业厂区基础设施韧性重构的内涵、方法与措施；第5章从水体、土壤、植被、空气质量四个方面阐述了旧工业厂区生态韧性重构的内涵、方法与措施；第6章从生活服务、经济效益、文化传承三个方面阐述了旧工业厂区社会环境韧性重构的内涵、方法与措施。附录部分以案例的形式展示了昆明871文化创意工场、西安老钢厂设计创意产业园、上海杨浦滨江工业区三个旧工业厂区韧性重构的探索和应用。全书内容丰富，逻辑性强，由浅入深，便于操作，具有较强的实用性。

　　本书主要由李勤、刘怡君、张梓瑜撰写。各章分工如下：第1章由李勤、刘怡君、李文龙撰写；第2章由李勤、武仲豪、陈尼京撰写；第3章由李勤、邸魏、闫永强、张梓瑜撰写；第4章由刘怡君、龚建飞、张家伟撰写；第5章由李勤、刘怡君、代宗育、张梓瑜撰写；第6章由李勤、周帆、王梦钰、都晗撰写；附录由武仲豪、张梓瑜、刘效飞、闫永强、代宗育、鄂天畅撰写。

　　本书的撰写和出版得到了北京建筑大学教材建设项目（批准号 C2117）、北京市教育科学"十三五"规划课题"共生理念在历史街区保护规划设计课程中的实践研究"（批准号：CDDB19167）、中国建设教育协会课题"文脉传承在'老城街区保护规划课程'中的实践研究"（批准号：2019061）以及市属高校基本科研业务费项目"基于城市触媒理论的旧工业区绿色再生策略与评定研究"（批准号：X20055）的支持。

　　此外，本书的撰写和出版得到了北京建筑大学、西安建筑科技大学、中冶建筑研究总院有限公司、柞水金山水休闲养老有限责任公司、西安建筑科技大学华清学院、昆明 871 文化投资有限公司、中国核工业中原建设有限公司、西安建筑科大工程技术有限公司、西安华清科教产业（集团）有限公司等的大力支持与帮助。同时，在撰写过程中还参考了许多专家和学者的有关研究成果及文献资料，在此一并表示衷心的感谢！

　　由于作者水平所限，书中不足之处，敬请广大读者批评指正。

作　者

2022 年 6 月

目　录

1 旧工业厂区绿色重构韧性解析基础

1.1 旧工业厂区基本内涵

1.1.1 旧工业厂区的理念

1.1.1.1 旧工业厂区的源起

（1）后工业时代的城市发展方向。在工业化蓝皮书《中国工业化进程报告（1995～2015）》中指出：中国经济结构发生明显转变。伴随工业化的继续加速，我国很多城市已进入后工业化的时代，后工业化的城市建设逐渐拉开序幕。后工业时代是一种以科技知识和高新技术产业为驱动力的时代，主要特征是传统制造业的衰落和以科技、文创、服务、新能源为代表的第三产业的崛起，导致城市产业结构发生改变，从而出现"逆工业化"现象。传统工业城市走向衰败，城市区域内出现大量闲置或废弃的工业厂区，城市在从增量扩张向存量优化的方向发展，这都会对城市空间结构进行再调整。

（2）新旧动能转换的推动。2018年1月，国务院发布了《关于山东新旧动能转换综合试验区建设总体方案的批复》，正式同意在山东设立新旧动能转换综合实验区。2018年7月，威海临港经济技术开发区管理委员会发布了《关于促进工业新旧动能转换三年发展（2018—2020年）的实施意见》，要求牢固树立创新、协调、绿色、开放、共享的发展理念，以供给侧结构性改革为主线，加快新旧动能转换。新旧动能转换战略对城市的产业发展提出了更高的要求，在发展新动能的同时还要盘活旧动能，新旧动能转换政策推动了城市格局的加快发展。

（3）城市更新成为核心关注点。城市化进程的推动，导致城市土地日益紧张，城市发展空间受限。经济结构的调整，使得城市中出现大量废弃的工业厂区，这些旧工业厂区是城市发展的见证，承载着工人们的集体记忆。旧工业建筑具有综合价值和再利用潜质，独特的工业艺术美学也得到了很多艺术家和游客们的青睐，保护旧工业建筑是促进城市发展多样性的重要手段，旧工业厂区的重构给城市建设带来了多种可能。但旧工业厂区往往闲置已久，面临周围环境恶劣和工人失业等社会问题，如何对旧工业厂区进行绿色重构是解决问题的关键。现阶段的城市更新更加注重人的体验，走向一种人性化、系统化的模式。出于对城市工业生产空间转型的反思，同时改善城市内部的生态环境，提升自身所在区域的竞争力，很多城市将局部更新作为城市化战略来实施。

1.1.1.2 旧工业厂区的概念

旧工业厂区是指原有的工业生产活动由于时代发展的原因停止，而内部场地组织关系保存较为完整的区域。"旧"是时态的表述，并非指场地内建筑设施的"破旧"。从时间顺序上来说，旧工业厂区是相对于城市新建的工业厂区而言，是指由于城市化及第三产业发展，工业厂区本身的功能和性质陈旧，不能适应城市的变化发展要求而废弃或闲置，环境景观、交通和市政设施等需要进行调整与更新的厂区。旧工业厂区内既包括功能独立而工艺相关联的旧工业建筑群、生产生活基础设施、生产配套构筑物、生态景观用地以及区域间交通组织等物质遗产，也包括时代记忆、场所精神和工业文化等非物质遗产。旧工业厂区的空间范围跨度较大，小则几平方千米，大则几十至上百平方千米，区域内人口数从几万人至几十万人不等。

旧工业厂区绿色重构是通过保留其自身物质与非物质价值，从生态化与循环经济的角度出发，挖掘其使用潜力并加以利用，对场地内组织关系赋予新的定义，以一种满足新需求的形式将其原有机能重新延续的行为。绿色重构的范围主要涉及两方面，一方面是建（构）筑物等主要生产设施修缮和改建，另一方面是景观环境和交通组织等生活与功能用地的重构。绿色重构是一种整体策略，包含合理的保护、修复、翻新与改造等多重内容，其核心思想在于在符合经济、生态、文化等社会发展目标的基础上，改变并激活旧工业厂区使用功能，延续旧工业厂区发展活力。

1.1.2 旧工业厂区的问题

旧工业厂区是因城市工业的发展而产生的，伴随城市的发展，旧工业厂区的定位也随之产生了变化。原有的厂区状态不能完全满足新的发展要求，旧工业厂区存在的问题便逐渐显现，如图 1.1 所示。

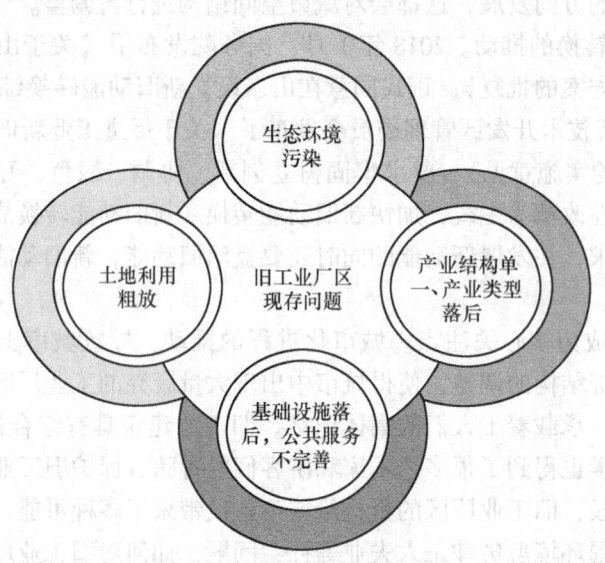

图 1.1 旧工业厂区现存问题

（1）生态环境污染。环境污染是中国社会城市化进程中面临的最重要的问题之一，我国的工业化发展起步较西方发达国家要晚，城市建设基础差。近些年我国的城市化发展速度又在不断的加快，在传统工业产业相对落后的情况下，城市的污染问题越来越严重，能源的消耗量持续增大，企业排污不符合规定的标准，执法部门的企业监管不严等问题都是造成环境污染加剧的原因。同时，传统工业均是以"高开采、高生产、高消费、高排放"的生产模式进行运转，普遍存在着工业污染物排放超标的问题，造成了资源的枯竭和生态环境的严重破坏。企业在产品生产过程中，会产生大量的有毒有害物质，这些污染物质被排放到大自然中就成为了工业"三废"，因此生态环境污染问题亟须解决。

（2）土地利用粗放。随着城市发展和功能的演变，功能布局也在不断地随之改变，旧工业厂区的功能以及性质已经不再能够适应其所处地理位置的土地价值。但是城市新的开发建设，却因为缺乏土地资源而受到限制。伴随着城市化速度加快和产业升级等原因，有些工业区及企业衰败或外迁，遗留下很多工业废弃地，降低了土地利用率，造成了城市的土地资源紧缺。土地的粗放利用，不仅浪费了大量的土地资源，同时使产业呈现了无序的发展状态，土地浪费问题与区域发展的供求关系矛盾，如果不解决将严重制约着工业区的可持续发展。

（3）产业结构单一、产业类型落后。随着时代的发展，旧工业厂区存在产业结构较单一、产业类型相对落后等问题。很多传统的工业企业经过多年发展，虽然在一定范围内形成了一套较完善的产业链和产业体系，但是也仅是围绕在传统工业布局的基础上发展出来的。产业结构单一，局限于传统工业，而产业类型又被传统重工业局限，因此企业传统的更新机制无法面对新兴产业带来的新一轮激烈竞争。

（4）基础设施落后，公共服务不完善。建国初期，为了满足国家战略部署，加快国家发展，很多的工业区都是在计划时间内提前建设完成的，因此存在很多基础设施设计不足或者不健全的问题。当时受到国内技术水平、人口规模以及经济状况等因素的制约，最初的基础设施已经不符合城市的发展要求，给人们的生活造成诸多不便。虽然在以往的城市基础设施改扩建中，对初期建设不足的基础设施尽可能地进行了改建和完善，但是由于主要的市政和工业基础设施都深埋地下，现有的功能空间和土地利用混乱，加上严重的"先天不足"，使基础设施的落后状况很难彻底改变。

1.1.3 旧工业厂区的价值

旧工业厂区受到各种因素的制约，导致其在产业结构上得不到优化，在功能特征上得不到发展。因此对旧工业厂区进行合理的绿色重构，优化其产业结构，重构空间功能特征，对旧工业厂区的发展意义重大。

（1）历史文化价值。旧工业厂区，以直观的方式记载了城市工业时期的发展历史，显示了人们当时的生产情况与生活历程，是具有特殊历史意义的工业遗存，是社会归属感与文化认同感的基础。

（2）科技艺术价值。旧工业厂区中的建筑因其独特的生产工艺要求，在形态与外貌上区别于其他民用功能的建筑，而不同年代建设工业建筑的风格特点也各有差异。同时，厂区中留存的大量工业遗存也增加了厂区特殊的文化艺术氛围。正是这些拥有独特形态与构造魅力、具有不可复制性的工业遗存，赋予了厂区特殊的科技艺术价值。

（3）地理区位价值。我国的城市工业用地具有集中与分散同时并存的布局特征，有些原先就处于城市中心区，有些则当初规划在城市周边区域。近年来我国城市化建设的高速发展，使得原先规划在城市周边的工业厂区逐渐位于城市中心区与近郊区，区位优势大大提升了这些工业用地的价值。

（4）经济利用价值。旧工业厂区绿色重构，可以对其实体再利用，避免城市资源浪费，减少大拆大建。工业建筑具有结构坚固、跨度大、空间大的特点，内部空间使用的灵活性较高，再生利用可以节省建设支出，缩短建设周期。另外，通过挖掘旧工业厂区中的历史文化底蕴，植入新型文化产业，传承工业文化，最终转化为拉动周边经济发展的新动力。

1.1.4　旧工业厂区的发展

1.1.4.1　国外旧工业厂区的发展

国外旧工业厂区再生利用发展主要经历了三个阶段，即启蒙阶段、探索发展阶段和成熟阶段，如图1.2所示。

图1.2　国外旧工业厂区再生利用发展的阶段

由此可见，国外对旧工业区再生利用的研究也早于我国。国外旧工业区保护与再利用的探索萌芽时期起始于1930年，目前已发展到相对成熟的阶段。1955年，Michael Rix发表《产业考古学》，号召社会各界群众积极保存英国工业革命时期的存留物，引发了旧工业区保护的浪潮，萌芽期结束于20世纪60年代。1970~1990年是国外旧工业区保护利用的发展普及阶段，旧工业区保护再利用实践从杂乱无章走向有组织性的标志是工业遗产国际性保护组织（TICCIH）的成立，该保护组织在旧工业区保护与再利用过程中发挥了重要作用。21世纪初至今，是国外旧工业区保护与再利用发展的成熟阶段。2003年《关于工业遗产的下塔吉尔宪章》正式出台，宪章提出要保护和研究工业遗产的美学价值、社会价值及经济价值。德国鲁尔工业区改造更新受到广泛关注，历时十年，将原来破旧的工业区转变为世界著名的创意产业区，共计完成120多个改造更新项目，被评为工业遗产保护历史中的经典案例。美国、澳大利亚等将废旧仓库、船坞改造为知名艺术中心。随着旧工业区再生利用价值的不断挖掘，全球各地兴起了旧工业区再生利用模式研究的浪潮。

1.1.4.2　国内旧工业厂区的发展

1990年开始，兴建于19世纪初期与19世纪中期的传统工业逐步被新兴工业取代，大量工厂由此遭到淘汰而闲置，国内对于旧工业建筑的更新改造实践也由此开始。我国的工业遗产再利用研究和实践与西方有较大差距，并且呈现出学术研究与案例实践不同步的特点。早期的研究主要对实际案例再利用策略进行了总结，缺乏较系统的研究与再利用的理论。我国部分具有代表性的政策见表1.1。

表 1.1 旧工业厂区绿色重构相关政策及事项

政策/事项	时间	提出者	主 要 内 容
《北京宪章》	1999 年	国际建协（UIA）	为旧建筑的更新改造提供理论指导
《无锡建议》	2006 年	国家文物局	我国第一个关于产业建筑保护的纲领性文件，强调要对"产业建筑遗产"进行有效保护
《北京倡议》	2010 年	中国建筑学会工业遗产学术委员会	呼吁全社会关注并重视工业建筑遗产的保护与改造
《关于印发全国资源型城市可持续发展规划（2013—2020 年）的通知》	2013 年	中共中央国务院	促进资源型城市可持续发展，对于维护国家能源资源安全、推动新型工业化和新型城镇化、促进社会和谐稳定和民族团结、建设资源节约和环境友好型社会具有重要意义
《关于推进城区老工业区搬迁改造的指导意见》	2014 年	国务院办公厅	以加快转变经济发展方式为主线，以新型工业化和新型城镇化为引领，以改革创新为动力，以城区老工业区产业重构、城市功能完善、生态环境修复和民生改善为着力点，把城区老工业区建设成为经济繁荣、功能完善、生态宜居的现代化城区
《关于进一步加强城市规划建设管理工作的若干意见》	2016 年	中共中央国务院	通过维护加固老建筑、改造利用旧厂房、完善基础设施等措施，恢复老城区功能和活力
《建筑节能与绿色建筑发展"十三五"规划》	2017 年	住房和城乡建设部	既有建筑节能改造有序推进，可再生能源建筑应用规模逐步扩大
关于印发《国家工业遗产管理暂行办法》的通知	2018 年	工业和信息化部	鼓励利用国家工业遗产资源，建设工业文化产业园区、特色小镇（街区）、创新创业基地等，培育工业设计、工艺美术、工业创意等业态
《关于保护利用老旧厂房拓展文化空间的指导意见》	2018 年	北京市人民政府办公厅	老旧厂房是传承发展历史文化、促进城市有机更新的重要载体和宝贵资源，是推进北京全国文化中心建设的"金山银山"
《关于全面推进城镇老旧小区改造工作的指导意见》	2020 年	国务院办公厅	大力改造提升城镇老旧小区，改善居民居住条件，推动构建"纵向到底、横向到边、共建共治共享"的社区治理体系，让人民群众生活更方便、更舒心、更美好
《住房和城乡建设部要求在城市更新改造中切实加强历史文化保护》	2020 年	住房和城乡建设部	对涉及老街区、老厂区、老建筑的城市更新改造项目，确保不破坏地形地貌、不拆除历史遗存、不砍老树
关于印发《推动老工业城市工业遗产保护利用实施方案》的通知	2020 年	国家发展和改革委员会	加快推进高质量发展新形势下，工业遗产再利用应有利于弘扬优秀中国工业精神，增强民族凝聚力；有利于更好地统筹产业发展与消费升级，培育发展新动能
国家发改委回应经济热点问题"十四五"时期将全面推进城镇老旧小区改造	2020 年	国家发展和改革委员会	有力、有序、有效全面推进城镇老旧小区改造工作，提升居住品质，推进实施城市更新行动，推进以县城为重要载体的城镇化建设，推动实现高质量发展

政策/事项	时间	提出者	主　要　内　容
住房和城乡建设部办公厅关于开展第一批城市更新试点工作的通知	2021年	住房和城乡建设部办公厅	坚持"留改拆"并举，以保留利用提升为主，开展既有建筑调查评估，建立存量资源统筹协调机制。分类探索更新改造技术方法和实施路径，鼓励制定适用于存量更新改造的标准规范

1.2　绿色重构基本内涵

1.2.1　绿色重构的理念

重构的词义是结构变形、重新建构、再配置、再组合。本书提到的重构是基于其词义重新建构的含义，是系统科学的一种方法论。一个系统在运行或发展的过程中，会因为外力的作用加之内部构成因子的发展运作，导致原本的系统组织结构产生异化甚至解体现象，使系统整体难以保持良性的可持续发展、系统内各构成因子难以正常运行。所以，构建系统的机构已经异化、解体，为了进行最佳组合，必须对其进行重新建构。

绿色重构主要是指重构过程中，从决策、设计、施工及后期的运营这一全寿命周期内，结合相关的绿色设计标准的要求，在满足新的使用功能要求、合理的经济性的同时，最大限度节约资源、保护环境、减少污染，为人们提供健康、高效和适用的使用空间，与社会及自然和谐共生，以此为基础形成的一种绿色理念以及所实施的一系列活动。

1.2.2　绿色重构的原则

由于旧工业厂区建设年代久远，更新改造的形式千差万别，为了更好地实现其绿色再生，在进行重构设计时，我们必须建立对应的原则，将其纳入理性化、科学化的轨道上，改变以往存在的盲目性和随意性。

（1）可持续发展原则。旧工业厂区绿色重构不能只注重经济效益，还需要保持生态环境的合理性，保持建筑格局的整体性。尤其是旧工业厂区承载着浓厚的历史文化，它的保护重构不是简单地让其免受损坏，而要重点保存富有历史价值文化古迹，让其展现它的历史文化价值，让城市充满文化氛围，让人们通过建筑遗迹可以认识历史并感受历史。

（2）绿色生态的原则。绿色生态原则，就是通过合理设计，有效地运用绿色的技术手段，在对旧工业厂区进行绿色重构设计时实现"四节一环保"的目的。绿色生态是立足于整个生态环境的高度，它是绿色重构中的一个宏观的全局规划，旨在实现城区建设与环境和谐共生。

（3）促进区域复兴的原则。绿色重构不仅要实现旧工业厂区的再生，还要通过合理的规划，带动周边经济的发展，促进整个城区的复兴繁荣。只有这样，才能为旧工业厂区的运转注入新的动力，实现其绿色重构的目标。因此在重构时，应充分考虑旧工业厂区的区位、周边的环境及日后的发展规划等。

（4）保护发展相结合的原则。旧工业厂区是城市文明进程最好的见证者，是居民生活的场所，是记忆的存储罐。因此在对其进行绿色重构时要坚持保护发展相结合的原则，既要满足现在时代发展的需求，又要尽量保持利用其原貌。通过合理的改造设计展示城市文化的多样性，提升旧工业厂区的文化品位和内涵。

1.2.3 绿色重构的目的

绿色重构就是在不改变旧工业厂区原有基本元素的前提下，利用全新的绿色生态设计手法和技术赋予其新的功能，更好地体现旧工业厂区的价值，使其能承担新的用途，以满足社会的可持续发展。本书通过对旧工业厂区的现状分析，引入绿色重构的理念，对其进行合理化的再生，以达到污染的治理与控制、绿色节能技术应用、景观环境氛围提升、空间安全格局重构的目的。

（1）污染的治理与控制。旧工业厂区由于长时间进行高耗能、高污染的工业生产，厂区内空气环境、水环境、绿地环境和土壤环境等受到一定程度污染，部分建（构）筑物由于长期存放危险化工制品造成空间污染，甚至是再生利用施工过程中由于粗放式管理和大拆大建施工规划导致污染的加剧，这些都严重危及厂区生态系统的安全。因此，旧工业厂区绿色重构需要对遗存污染进行治理，应用物理、化学、生物治理方法改善厂区初始环境，之后合理组织绿色施工，控制施工过程的粉尘、噪声污染，同时要防止治理过程可能造成的二次污染。

（2）绿色节能技术应用。旧工业厂区内的建（构）筑物大多为年代久远的高大结构，整体能耗较大，重构过程中需要对其保温、遮阳、通风、采光等系统进行合理改造，通过对自然资源的最大程度应用减少能源浪费，对厂区内空调系统、照明系统、采暖系统要提高能源使用效率，同时加强绿色能源的使用。对厂区内遗存的构件设施和废弃物，再生施工过程要合理应用，设计施工应采用土建装修一体化，避免破坏既有构件设施和重复装修，这些绿色节能技术的使用能够达到良好的资源节约效果。

（3）景观环境氛围提升。旧工业厂区的景观空间普遍存在景观用地退化、景观元素破损和景观布局侵蚀等问题，需要进行针对性的景观重塑，旧工业厂区景观可大体分为自然景观和工业景观。自然景观为阳光、空气、绿地和水等自然要素组成，在人们与场所共生过程中必不可少，通过生态化的自然景观重塑能够降低厂区污染水平，有效改善居住环境。场地内建（构）筑物的风化、侵蚀，工业设施的陈旧老化、锈蚀等，这些都属于工业景观的一部分，工业景观的重塑能够防止其废弃带来的生态污染，同时有助于塑造厂区的历史文化氛围。

（4）空间安全格局重构。旧工业厂区空间安全格局体现在厂区路网结构、用地结构比例、救灾安全要素、景观空间布局和建筑规划设计等方面，主要研究空间的布局和结构关系如何达到最大限度的安全。例如从防火角度考虑，旧工业厂区的重构布局要在重要位置布置消防设施，消防道路要提前规划且保证通畅，建筑施工尽量采用防火材料等。因此对旧工业厂区空间结构的优化十分关键，对于危险要素要边缘化布置，对于功能性建筑、大型设备等干扰要素要集中布置，对于景观资源等韧性要素要广泛布置，合理的空间布局才能有效保证空间使用安全。

1.2.4 绿色重构的内容

旧工业厂区的绿色重构，不能只保护其中某个建筑单体，应以单体带动整体，以局部环境扩展到整体环境。

（1）建筑本体及空间环境的重构。旧工业厂区绿色重构的主要内容就是根据厂区内部的工业建筑以及建筑群所组成的空间格局的特征风貌进行整体性的重构设计，其中包括建筑单体的外立面、内部空间及装饰、建筑群所围合的院落和街巷空间环境等，如图1.3和图1.4所示。

图1.3　西安大华1935的文化中心广场　　　　图1.4　西安大华1935的西广场

旧工业厂区的建筑格局是历经数载流传下来的历史文化积淀，记录了城市区域的发展变化。每一个细节都反映了旧工业厂区所在城市的肌理和文化特征，城市的整体环境特征，也代表了城市的传统风貌特色，如图1.5和图1.6所示。

图1.5　杭州凤凰创意园的筒仓群　　　　　　图1.6　北京首钢的高炉

（2）人文环境及历史文脉的重构。旧工业厂区绿色重构，不仅要对厂内的建筑空间本身进行保护重构，厂区内蕴含的非物质文化遗产也应该是我们保护传承的重点。对旧工业厂区的整体性保护，其根本目的是对城市历史文脉的传承，让人们在旧工业厂区中能够感受到城市的发展轨迹，也能够感受到昔日的企业精神与文化。因此对于旧工业厂区的保护，既要对建筑空间进行修复，更重要的是保护其中的工业文化元素，使得城市历史文脉得以传承。就像上海田子坊所代表的上海弄堂文化，如图1.7所示；成都锦里中的蜀锦工艺展示，如图1.8所示；这些具有鲜明特征的物质与非物质工业文化遗产都应得到保护传承及发扬。

图1.7　上海田子坊

图1.8　成都锦里

（3）整体空间环境功能的重构。旧工业厂区的形成是与其周边的环境及整个城市环境相互融合的，在城市的发展中，旧工业厂区仅仅是城市空间的一个组成部分。随着历史的发展与时代的变迁，现代城市中的很多旧工业厂区会显得与整个城市的发展趋势格格不入。因此，在重构时需要对旧工业厂区整体的空间环境进行细致的片区划分，合理规划、改造，赋予其不同的新功能，使其融入现代社会的生活中，而不是仅仅将其单纯地修复之后空置起来成为一个没有生命、没有活力的老建筑。这些赋有新功能、新生命的旧工业厂区，才能适应现代社会的可持续发展，得到真正意义上的复兴，如图1.9所示。

(a)

(b)

图1.9　上海同乐坊

（a）同乐坊入口；（b）厂区内景

1.3　韧性理论的研究现状

1.3.1　韧性理论的概念

1.3.1.1　韧性城市的内涵

韧性城市是指城市能够凭自身的能力抵御灾害，减轻灾害损失，并合理地调配资源以从灾害中快速恢复过来。长远地来讲，城市能够从过往的灾害事故中学习，提升对灾害的适应能力。韧性的概念自提出以来，以霍林、福尔克等为代表的研究者开启了对韧性概念的多领域研究，从工程韧性到生态韧性，再到演进韧性，每一次修正都使韧性概念不断得到完善深化。韧性理论代表观点见表 1.2。

表 1.2　韧性理论代表观点

韧性理论	代表人物	韧性定义	理论基础
能力恢复说	Blackmore	基础设施从扰动中复原或抵抗外来冲击的能力	工程韧性
扰动说	Klein, Cashman	社会系统在保持相同状态前提下，所能吸收外界扰动的总量	生态学思维
系统说	Folke, Jha, Miner, Stanton-Geddes	吸收扰动量，自我组织能力，自我学习能力	生态学思维
适应能力说	Gunderson, Holling	社会生态系统持续不断的调整能力，动态适应和改变的能力	演进韧性理论系统论

　　韧性城市强调吸收外界冲击和扰动的能力，通过学习和再组织恢复原状态或达到新平衡态的能力，如图 1.10 所示。

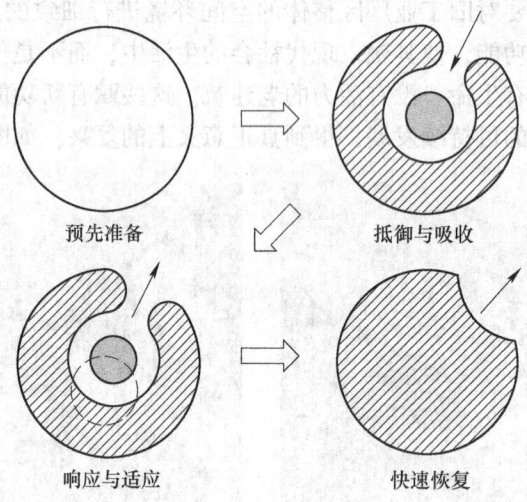

预先准备　　　　　抵御与吸收

响应与适应　　　　快速恢复

图 1.10　韧性城市的内涵

1.3.1.2　韧性城市的特征

　　韧性城市是人类作为命运共同体，以综合系统的视角，应对风险和危机的新思路。韧性城市的特征从"韧性"的本质特征延伸而来，具体内容见表 1.3。

表 1.3　韧性城市的特征

特征	韧性	韧性城市	示意图
自控制	系统能够承受一系列改变并且仍然保持功能和结构的控制力	城市系统遭受重创和改变的情形下，依然能在一定时期内维持基本功能的运转	外来冲击　外来冲击 传统城市（系统破坏）　韧性城市（维持基本功能） 储备功能　核心功能

续表 1.3

特征	韧性	韧性城市	示意图
自组织	系统有能力进行自组织	城市是由人类集聚产生的复杂系统，具备自组织能力是系统韧性的重要特征	外来冲击 外来冲击 传统城市（系统破坏） 韧性城市（维持基本功能）
自适应	系统有建立和促进学习、自适应的能力	韧性城市具备从经验中学习、总结，增强自适应能力的特征	外来冲击 外来冲击 传统城市（系统破坏） 韧性城市（维持基本功能）

1.3.1.3 韧性城市的维度

韧性城市具备四个方面的维度（TOSE），分别是技术（technical）、组织（organization）、社会（society）、经济（economic），如图 1.11 所示。

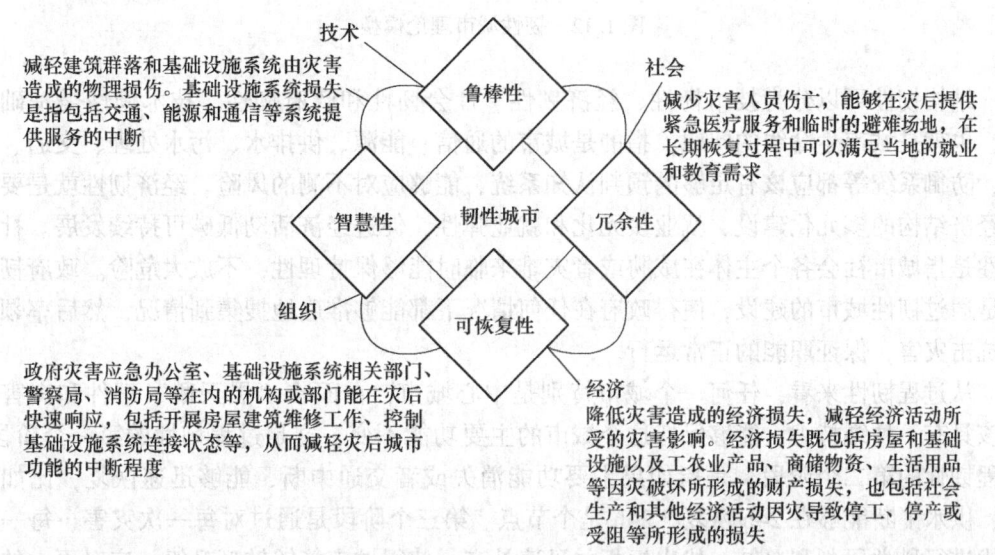

图 1.11 韧性城市的维度与特性

1.3.2 韧性理论的模型

当前现代城市所面临的风险因素的最大来源就是那些"不确定性事件"。纳西姆·尼古拉斯·塔勒布在《黑天鹅》一书中写道："黑天鹅总是在人们意料不到的地方飞出来。"这些"不确定性事件"难以预料，传统的应对这些"不确定性"灾害的思路，是通过

"放大冗余"或制定预案，但是这些举措并不能有效应对"黑天鹅式风险"。因此，必须通过增强城市的韧性来抵御"不确定性灾害"。

通过韧性城市的"动态球盆模型"，可以得知城市的韧性体现在结构韧性、过程韧性和系统韧性三个方面。当一个扰动因子进入时，模型内部可以通过一些参数放大城市的"不确定性"，如图 1.12 所示。

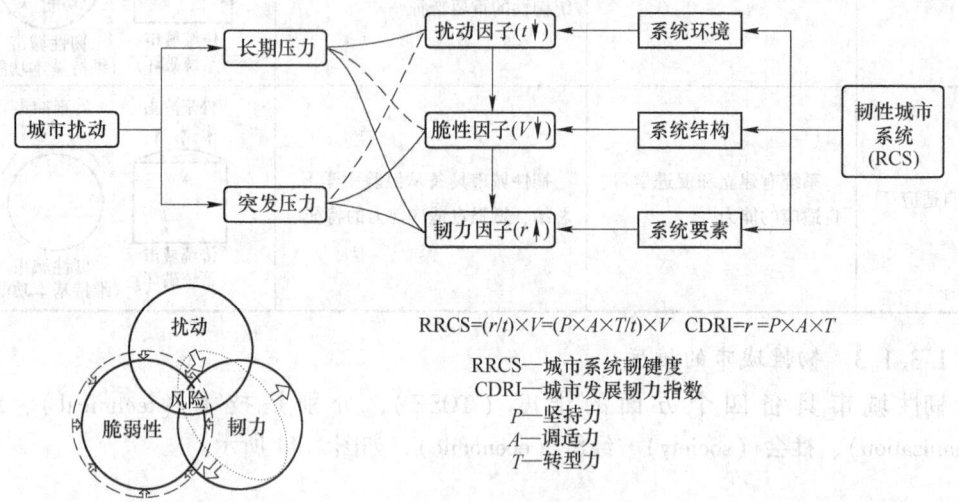

$$RRCS=(r/t)\times V=(P\times A\times T/t)\times V \quad CDRI=r=P\times A\times T$$

RRCS—城市系统韧键度
CDRI—城市发展韧力指数
P—坚持力
A—调适力
T—转型力

图 1.12　韧性城市理论模型

结构韧性可以分为技术韧性、经济韧性、社会韧性和政府韧性。技术韧性是基础性的，也就是城市生命线的问题，指的是城市的通信、能源、供排水、污水处理、交通、防洪、防御系统等都应该有足够的预判认知系统，能够应对不测的风险。经济韧性就是要实现经济结构的多元化建设、就业多元化和就业弹性，促进经济活动低碳可持续发展。社会韧性是指城市社会各个主体在威胁或者灾难来临时能够保持理性，不放大危险。政府韧性就是通过韧性城市的建设，使得政府在任何情况下都能够准确地搜集到情况，然后率领民众抗击灾害，保证职能的正常运行。

从过程韧性来看，任何一个城市特别是中心城市，在面临"黑天鹅"事件和灾害时应该具有一种维持力，能够保持这个城市的主要功能不变，这是过程韧性的第一个阶段。过程韧性的第二个阶段，是指如果主要功能消失或者交通中断，能够迅速恢复，比如供电、供水中断能够在 24h 恢复，24h 是个节点。第三个阶段是通过对每一次灾害、每一次干扰进行科学研判和总结，找出短板并迅速补齐，使得城市能够转型升级，应对更大的不确定性。所以维持、恢复、转型这三个阶段，体现出一种过程的韧性。

系统韧性与智慧城市紧密相连。城市智慧是基于每一个城市单元，首先对发生的问题能够获得足够的数据，能够进行感知，这是第一个阶段。第二个阶段就是通过人工智能或者一定模型能够进行快速运算。第三个阶段就是传递到执行机构，精准地解决问题。最后对执行的结果进行反馈，反馈了以后再感知。因此，感知、运算、执行、反馈就构成了系统的闭环运作。这个闭环越敏感，运转的速度越快，越能够应对外部的干扰，这就是系统韧性。

1.3.3 韧性理论的内容

1.3.3.1 韧性城市的建设目标

韧性城市以"可抵御风险,从冲击中快速恢复,不断学习创新"作为规划建设目标。韧性城市满足多样性、冗余性、鲁棒性、恢复力、适应性和学习转化能力等六项基本特性,如图 1.13 所示。

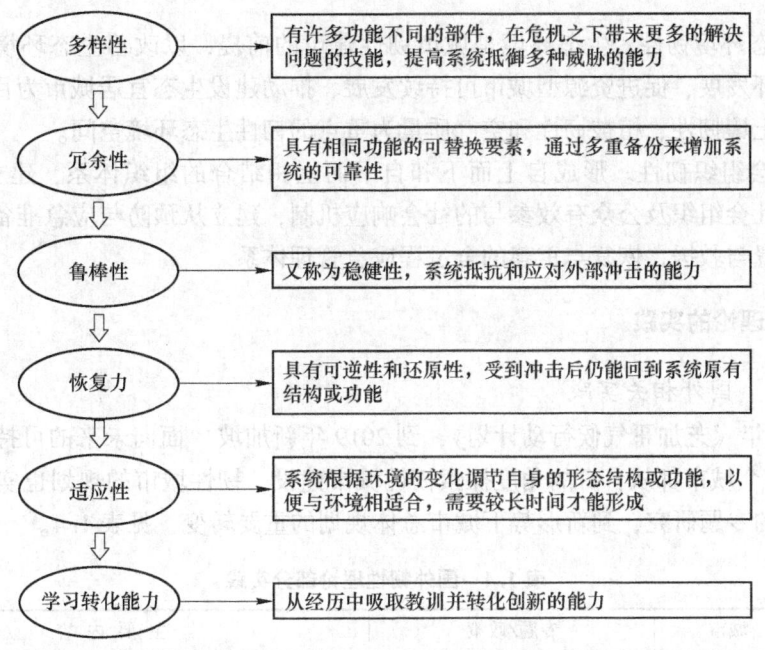

图 1.13　韧性城市具备的特性

1.3.3.2 韧性城市的评估指标

2009 年,日本京都大学 Shaw 等人提出了城市气候灾害韧性评估指标体系,体系包括物理指标、经济指标、组织指标、社会指标和自然指标等五个维度。采用当地专家和学者对不同因子赋值的方法,对亚洲八个城市进行快速评估,找出城市韧性建设的薄弱环节,指导当地进行城市气候灾害韧性建设。

2011 年,纽约州立大学布法罗分校区域研究中心提出韧性能力指数,该指数体系有区域经济属性、社会-人口属性和社区连通性三个维度。该研究中心对美国 361 个城市的城区进行评估,让政策制定者不仅可以发现当地的薄弱环节,而且可以与其他城市进行横向比较。

2013 年,美国洛克菲勒基金会提出了韧性城市指标体系,体系包括四个维度,细化为 12 个指标、52 个绩效指标及 156 个二级指标。基金会启动"全球 100 个韧性城市项目",为全球 100 个城市提供了 1.64 亿美元无偿经费资助,帮助入围城市打造韧性,以提升城市抵御外来冲击和灾害的能力。

1.3.3.3 韧性城市的框架体系

韧性城市的框架体系主要包括空间布局韧性、基础设施韧性、生态环境韧性及社会组织韧性。

（1）空间布局韧性。空间安全布局是城市韧性建设的基础，以多功能、冗余度和多尺度为目标，构建以生态空间、避难空间和安全生产空间为重点的韧性城市空间布局。

（2）基础设施韧性。市政基础设施包含供水、供电、燃气、排水、供热和消防等多个方面，关系到人们的基本生活需求，是城市系统的主要组成部分。对于基础设施的韧性提升，应当从空间布局、设施强化、应急预案、机制管理和宣传教育等多个方面进行整合优化。

（3）生态环境韧性。生态环境是城市韧性建设的前提，以改善生态环境质量、坚持绿色低碳循环发展、促进资源型城市可持续发展、推动建设生态宜居城市为目标，构建以水体韧性、土壤韧性、植被韧性和空气质量为重点的韧性生态环境空间。

（4）社会组织韧性。形成自上而下和自下而上相结合的组织体系，建立政府主导、部门合作、社会组织及公众有效参与的社会响应机制，建立从预防与应急准备、监测与预警、应急处置与救援、恢复与重建的全过程应急管理体系。

1.3.4　韧性理论的实践

1.3.4.1　国外相关实践

从 2008 年《芝加哥气候行动计划》，到 2019 年新加坡"面向未来的可持续和韧性城市"，国外多个城市都从自身的角度探索韧性城市建设，韧性城市的规划也实现了从初期以问题导向的专题研究，到新形势下城市总体规划的重要转变，见表 1.4。

表 1.4　国外韧性理论部分实践

时间	城市	专题/政策	主 要 内 容
2008 年	芝加哥	《芝加哥气候行动计划》	用以滞纳雨水的绿色建筑、洪水管理、植树和绿色屋顶项目
2008 年	鹿特丹	《鹿特丹气候防护计划》	重点领域：洪水管理，船舶和乘客的可达性，适应性建筑，城市水系统，城市生活质量
2009 年	基多	《基多气候变化战略》	重点领域：生态系统和生物多样性、饮用水供给、公共健康、基础设施和电力生产、气候风险管理
2010 年	德班	《适应气候变化规划：面向韧性城市》	2020 年建成为非洲最富关怀、最宜居城市重点领域：水资源、健康和灾害管理
2011 年	伦敦	《管理风险和增强韧性》	出台《英国气候影响计划》；制定韧性计划，成立气候变化和能源部管理洪水风险，增加公园和绿化
2013 年	纽约	《一个更强大，更韧性的纽约》	《气候防护标准》《气候风险信息》和《韧性评估指南》等，改造电力、道路、供排水等

时间	城市	专题/政策	主 要 内 容
2019 年	新加坡	《总体规划草案（2019）》	面向未来可持续和韧性城市；适应气候变化，改善资源利用，创造增长空间

1.3.4.2 国内相关实践

韧性城市规划，主要强调城市各系统对可能的各类城市灾害或威胁的适应性，重点在于城市基础设施供应的保障和应急系统的建设，以指标刚性管控为主要手段。国内韧性理论部分实践见表1.5。

表1.5 国内韧性理论部分实践

时间	城市	政 策	主 要 内 容
2017 年	北京	《北京城市总体规划（2016—2035 年）》	提高城市治理水平，让城市更宜居。环境治理，公共安全，基础设施，管理体制
2018 年	上海	《上海市城市总体规划（2017—2035 年）》	更可持续的韧性生态之城。应对全球气候变化，全面提升生态品质；显著改善环境质量，完善城市安全保障
2018 年	雄安	《雄安新区发展规划纲要》	构筑现代化城市安全体系。构建城市安全和应急防灾体系，保障新区水安全，增强城市抗震能力，保障新区能源供应安全
2019 年	广州	《广州国土空间总体规划（2018—2035 年）》（草案）	安全韧性城市。地质地震，水资源保障；能源安全，海绵城市
2021 年	天津	《天津市城市内涝治理系统化实施方案》	到2025 年，基本建成满足韧性城市建设要求、融入海绵城市理念的城市排水防涝工程体系，城市载体功能和排水防涝能力显著提升
2021 年	广州	《广州市关于在实施城市更新行动中防止大拆大建问题的意见（征求意见稿）》	鼓励采用"绣花"功夫进行修补、织补式更新，最大限度保留老城区具有特色的格局和肌理，延续城市的历史文脉和特色风貌。坚持量力而行，稳妥推进改造提升，加强统筹谋划，探索可持续更新模式，注重补短板、惠民生，统筹地上地下设施建设，提高城市的安全和韧性

1.4 旧工业厂区绿色重构韧性解析思路

1.4.1 旧工业厂区绿色重构韧性解析要点

2020 年 11 月，《中共中央关于制定国民经济和社会发展第十四个五年规划和二〇三五年远景目标的建议》中提出，"推进以人为核心的新型城镇化，强化历史文化保护、塑造城市风貌，加强城镇老旧小区改造和社区建设，增强城市防洪排涝能力，建设海绵城市、韧性城市。"2021 年 5 月，北京市人民政府出台了《关于实施城市更新行动的指导意见》（简称《意见》），《意见》中明确指出"建设宜居舒适城市，包括完善空间布局、推进老旧小区改造、推动老旧房屋改造、推进老旧厂区改造、实施生态修复和功能完善等；构建安全韧性城市，包括推进海绵城市建设、推进新型城市基础设施建设、加强工程消防设计审查验收、维护城市公共安全等。"2021 年 11 月，住房和城乡建设部办公厅发布了《住房和城乡建设部办公厅关于开展第一批城市更新试点工作的通知》（简称《通知》），《通知》指出严格落实城市更新底线要求，转变城市开发建设方式，结合各地实际，因地制宜探索城市更新的工作机制、实施模式、支持政策、技术方法和管理制度，推动城市结构优化、功能完善和品质提升，形成可复制、可推广的经验做法，引导各地互学互鉴，科学有序实施城市更新行动。《通知》中重点工作要求城市更新可持续模式，包括坚持"留改拆"并举，以保留利用提升为主，开展既有建筑调查评估，建立存量资源统筹协调机制。

城市更新行动是我国"十四五"规划的重要部署，我国已进入城市化的中后期，城市发展进入城市更新的重要时期，由大规模增量建设转为存量提质改造和增量结构调整并重。城市旧工业厂区是指依托"一五""二五"和"三线"建设时期国家重点工业项目形成的、工业企业较为集中的城市特定区域，为我国建立独立完整的工业体系、为老工业城市的形成发展作出了突出贡献，目前仍是城市经济社会发展的重要支撑。但是随着我国经济的高速发展，城市范围不断扩张，原来位于城市边缘的工业企业驻地已经成为城市黄金地段，在工业企业搬迁、破产后，占地面积大、建筑密度和容积率极低的工业厂区大量闲置。同时在长期发展过程中，旧工业厂区也出现了生态污染严重、土地利用粗放、基础设施落后、公共服务不完善等问题。因此结合存量规划与城市更新、节能环保与生态建设的背景，绿色重构成为旧工业厂区改造的必然趋势。充分利用老旧厂区和既有建筑，充分发挥城市空间效能，对于推进产业结构调整、改善城市环境、推动城市发展、完善城市综合服务功能、维护社会和谐稳定具有重要意义。

旧工业厂区绿色重构韧性机理解析是将"韧性"理念融入旧工业厂区绿色再生中，更加深化了旧工业厂区再生利用的意义。韧性理念下的旧工业厂区绿色重构，倡导立足于旧工业厂区现状，以发挥厂区自身能动性为原则，通过优化空间功能结构、完善基础设施建设、修复生态系统韧性、增强社会经济效益等措施完善旧工业厂区的绿色再生，从而增强厂区自身应对灾害的能力，强化旧工业厂区在面对外界干扰时通过自身能力进行化解和吸收的能动性。

1.4.2 旧工业厂区绿色重构韧性解析框架

旧工业厂区绿色重构韧性解析框架如图 1.14 所示，主要包括空间韧性分析、基础设施韧性分析、生态环境韧性分析以及社会环境韧性分析四部分。

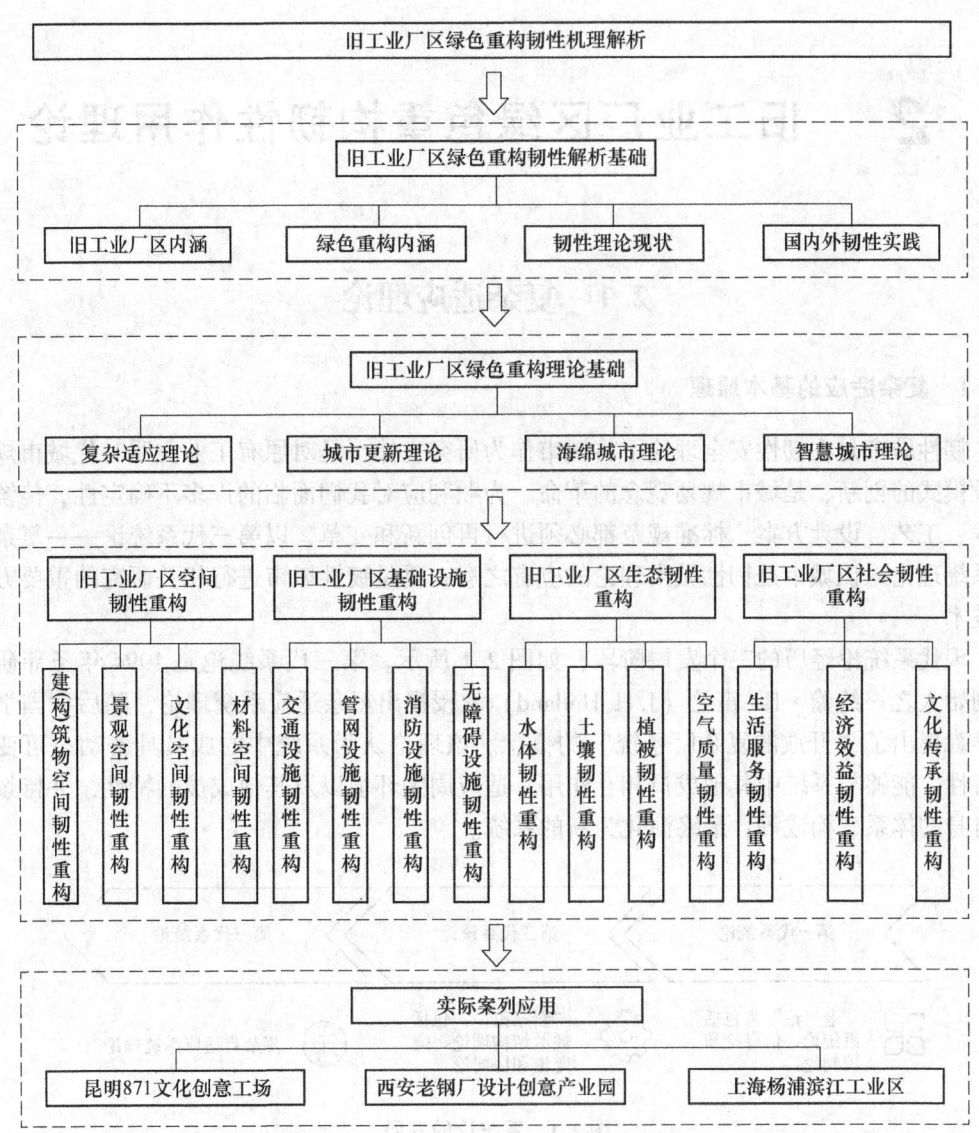

图 1.14　旧工业厂区绿色重构韧性解析框架

2   旧工业厂区绿色重构韧性作用理论

2.1   复杂适应理论

2.1.1   复杂适应的基本原理

韧性城市是在韧性安全理论下将城市作为研究主体，是对原有工业文明时代城市规划建设模式的创新，是城市规划观念的革命。为顺利应对我们面临的许多不确定性，传统的技术、工艺、设计方案、标准规范都必须进行再创新和变革，以第三代系统论——复杂适应系统理论认识城市是韧性城市理论的应有之意，更是韧性城市进行相关研究的重要方法和技术。

现代系统论经历的三个发展阶段，如图 2.1 所示。第三代系统论是 1994 年圣菲研究所创始人之一约翰·H. 霍兰（J. H. Holland）教授提出复杂适应系统理论，随后我国学者钱学森提出了"开放的复杂巨系统"的概念。该理论认为系统中的成员具备动态可变化的特性，能够与系统中其他成员相互作用，适应周围环境以及其他成员的特性，并持续改变自身的体系、构成等，最终演化为新的系统。

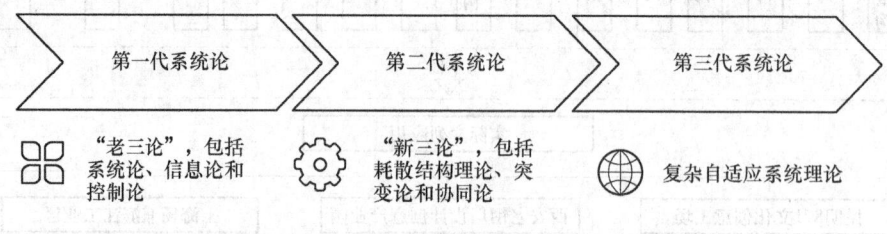

图 2.1   系统论的发展

（1）基础特点。在复杂适应系统中，任何适应性主体所处环境由其他主体所构成，并受到主体间相互作用的影响。复杂适应系统包含聚集、非线性、流、多样性、标识、内部模型和积木 7 个特点，其中前 4 个是特征，后 3 个是机制，见表 2.1。

表 2.1   复杂适应性系统基本特点

序号	基本点	内容	关键词	注 释
1	聚集	模型构建	聚类	根据研究的问题，忽略细节的差异，把相似之物聚成可重复使用的类，人为简化复杂系统
		基本特征	涌现	较为简单的主体聚集通过相互作用将涌现出复杂的大尺度行为，又进一步聚集为更高一级的主体。该过程重复几次，就得到了 CAS 典型的层次组织

序号	基本点	内容	关键词	注　释
2	标识	认知方式	共性	标识允许主体在不易分辨的主体或目标中发现共性，并为筛选、特化和合作提供合理的基础
		认知反思	操纵	CAS用标识操纵对称性，忽略某些细节，将注意力引向别处，使人们有意识或无意识的使用它们领悟事物，并构建其模型
3	非线性	聚集行为	复杂	主体在相互作用中存在正反馈，导致随机涨落放大，使聚集行为总比人们求和或求平均方法预期的要复杂得多
		聚集反映	生成	主体之间的适应存在互为因果的双向生成性，使聚集反应无法找到一个统一、适用的聚集反应率
4	流	资源交换	变易	在CAS普遍存在着物质、能量和信息的交换，只要在某些节点上注入更多的资源，就能产生乘数效应，以反映出变易适应性
		资源利用	循环	资源在主体间循环往复，提高了资源利用率
5	多样性	系统持存	填空	任何单个主体的持存都依赖于其他主体提供的环境。如果从系统中移走一个主体，作为"填空"新的主体将提供大部分失去了的相互作用。通过主体的调整将提供新的相互作用的机会
		系统协调	繁荣	每一次新的适应，都能够开发新的可能性，进一步增强再循环的部分，使系统协调发展以产生繁荣
6	内部模型	内部模型	转化	主体在收到大量涌入的输入中挑选模式，然后将这些模式转化成内部结构的变化。通过无数次试验后得到主体的内部模型（本能等）
		模型机制	预知	认识到以上模式（或类似的模式）再次遇到时，主体能够预知随之将发生的后果
7	积木	积木构造	元素	通过自然选择和学习，寻找那些已被检验过能够再使用的元素。内部模型必须立足于有限的样本上
		积木使用	组合	面对恒新的事物，将其分解，通过重复使用积木（指以上可再使用的元素），人们获得经验，即使它们从不以完全相同的组合出现两次

　　（2）作用机制。复杂适应性是指复杂系统具有随环境的改变而进行自我调节的适应能力，包括被动适应和主动适应两个方面。被动适应体现的是适应性主体面对外部环境变化的反应能力。主动适应反映的是适应性主体对外部环境的干扰。系统适应性主体的适应性过程包括外部变化刺激、主体反应、适应调节、反馈与供需调整4个环节，适应过程机制如图2.2所示。

2.1.2　复杂适应与韧性城市

2.1.2.1　认识城市的复杂适应性

　　城市具有复杂适应性，以城市及其周边区域为例，作为一个典型的开放复杂巨系统，是由若干彼此流动、相互关联的要素结合而成的不可分割的有机整体，其内部要素具有相互的作用，其作用机制和作用特点符合复杂适应系统的基本内容，如图2.3所示。

　　城市复杂适应作用在宏观层面，城市与区域，城市与乡村，城市与经济、社会、文化、生态等子系统所具有的共生、协同和共同进化的关系。城市复杂适应系统可划分为经

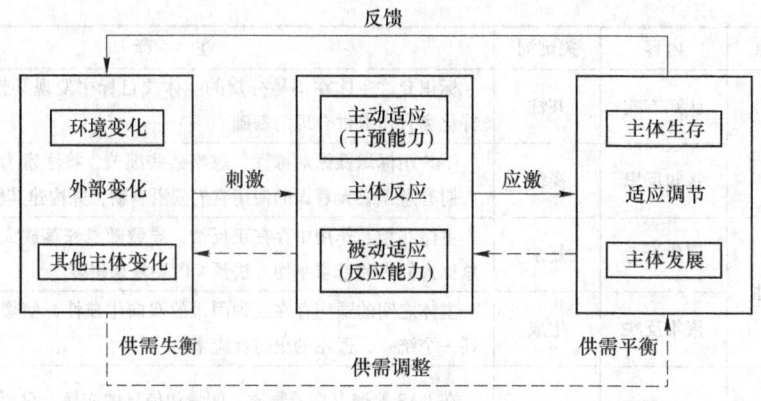

图 2.2 适应的过程机制

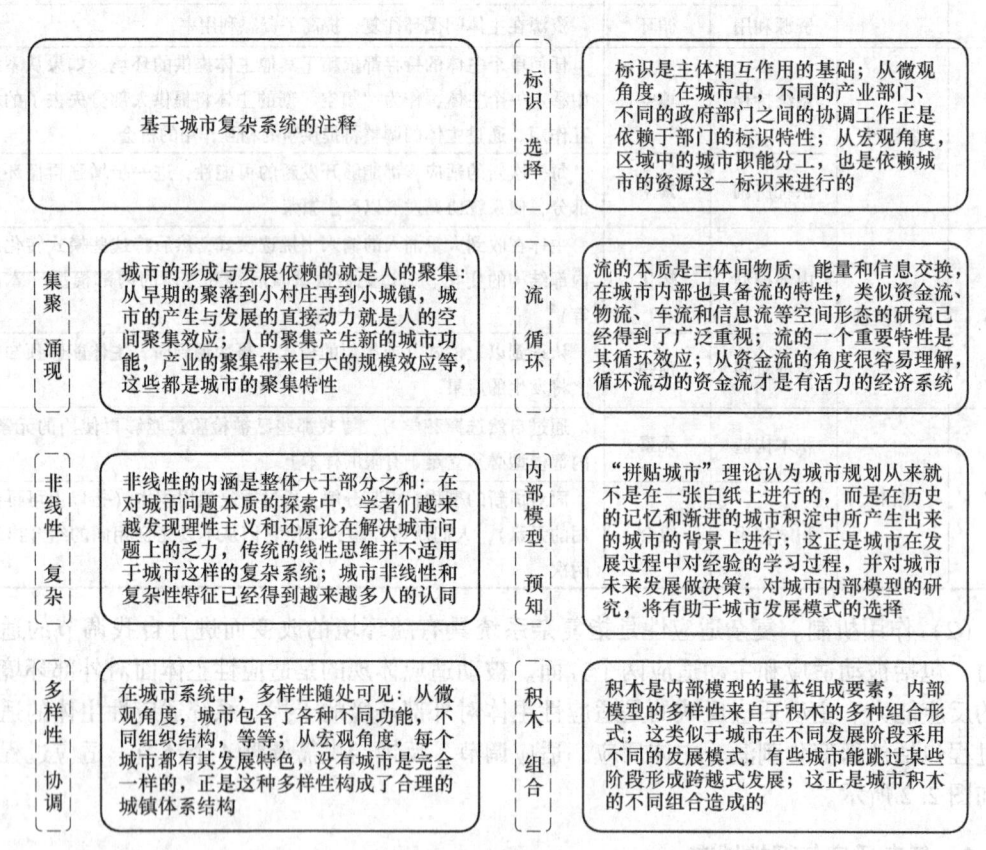

图 2.3 城市复杂适应系统特征

济、社会、生态、文化、制度和支撑这六类子系统，如图 2.4 所示。在城市复杂适应系统内，各层子系统并非孤立和封闭的，而是彼此交融的，各要素通过彼此间无穷无尽的复杂连接和相互作用涌现出系统整体功能。

2.1.2.2 城市系统的韧性建设

仇保兴在《迈向韧性城市的十个步骤》中提到：复杂适应理论应作为韧性城市设计

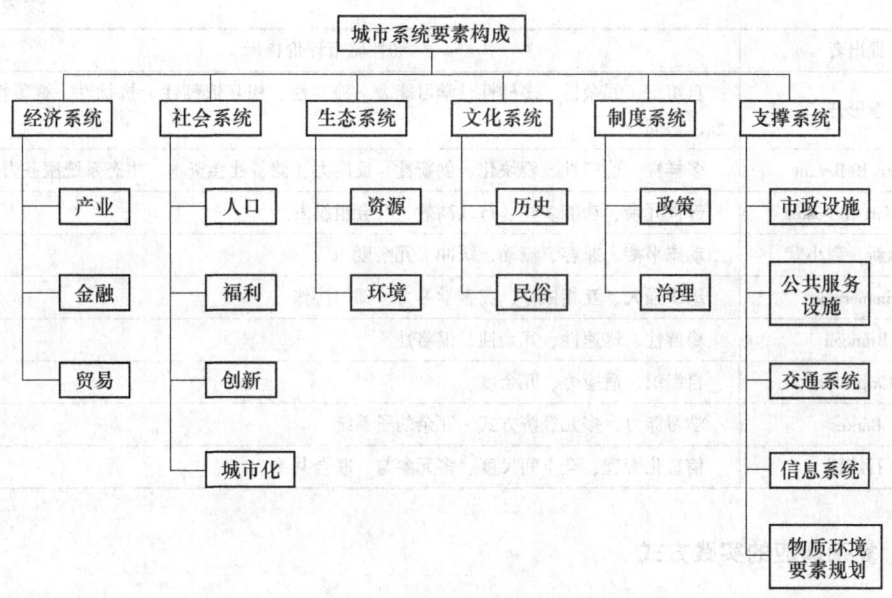

图 2.4 城市系统构成要素

的方法及原则。城市是集自然生态系统、基础设施体系和社会经济活动为一体的高度复杂的耦合系统，但同时也面临着自然灾害、环境污染和人类冲突等各类不安定因素的干扰，当前不确定性的安全威胁种类日渐繁多，因此我们需要重视城市系统的韧性建设。城市的韧性体现在结构韧性、过程韧性和系统韧性三个层面，如图 2.5 所示。

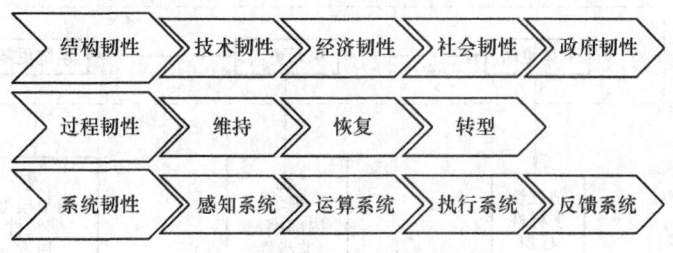

图 2.5 韧性城市组成层面

韧性城市构建中，对城市复杂适应性的考虑，要求我们科学地量化城市韧性或者构建合理的评价体系。当前，国内外学者针对韧性城市已提出来多种评价指标，见表 2.2，韧性城市评价体系指标的不断完善，对促进源于生态学的韧性知识有效地转化为城市系统的建设实践至关重要。

表 2.2 中外学者关于韧性城市的评价指标

提出者	韧性城市评价指标
Wildavsky	动态平衡、兼容、高效流动，扁平化、缓冲、冗余度
金磊	绿色、生态性、刚性基础设施、跨界管理、充分备灾容量
Ahern	功能多元、冗余度和模块化、生态和社会多样性、多尺度的联结网络、适应性规划设计

提出者	韧性城市评价指标
李彤开	自组织、冗余性、多样性、学习能力、独立性、相互依赖性、抗扰性、智慧性、创造性、协同性
Allan 和 Bryant	多样性、适应性、模块化、创新性、反应力、储备社会资本、生态系统服务力
Comfort 和 Foster	部件冗余、功能多样、行政高效、社会组织发达
何继新，荆小莹	动态平衡、兼容、流动，缓冲、冗余度
Zimmerman	组织强大、互相依存、灾害学习力、部门协作
Bruneau	稳健性、迅速性、冗余性、谋略性
Carpenter	自组织、适应力、冗余度
Berkes	学习能力、多元经济方式·冗余的子系统
石婷婷	信息化管理、全空间尺度、多元参与、联合共治

2.1.3　复杂适应的实践方式

根据城市复杂系统分析框架，城市更新是一种城市发展的自我调节机制，应作为整体、有机、协作、动态、可持续的系统工程，以此系统性解决发展不平衡不充分的问题，实现人居环境的全面改善。复杂适应系统理论下城市更新可从主体更新、单元更新和系统更新三个维度展开，如图2.6所示。

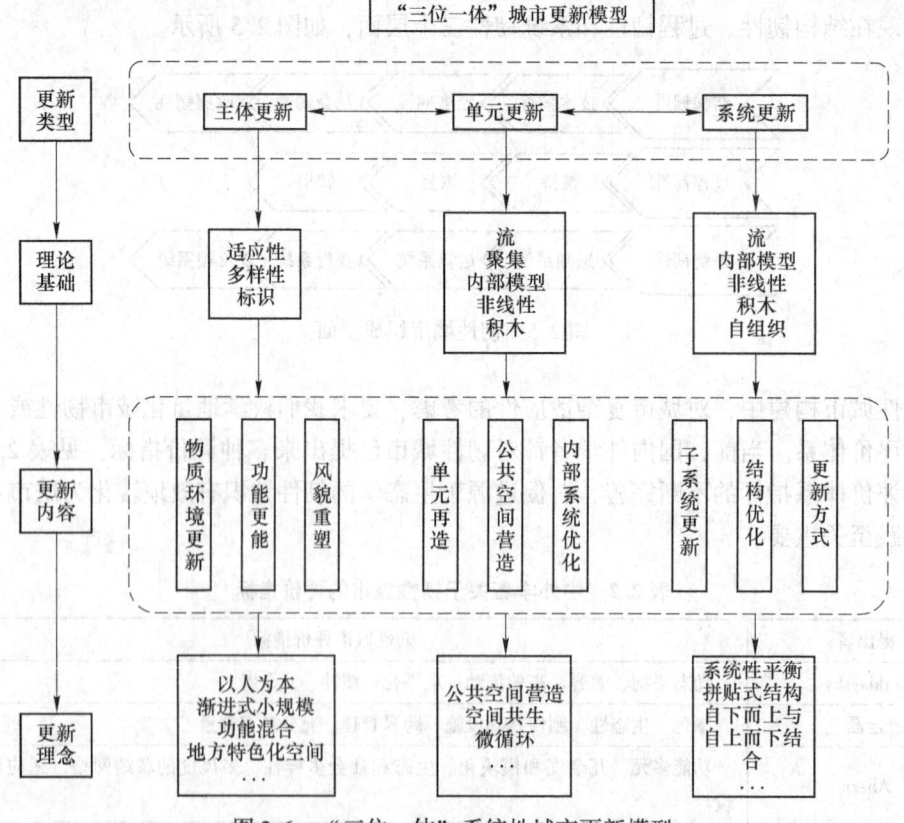

图2.6　"三位一体"系统性城市更新模型

旧工业厂区作为城市中的组成部分，其内部要素众多，与周边关系复杂，在重构过程中，其功能发生转变、空间更加多样化，以整体、长远、动态、非线性、自适应等来认识旧工业厂区的复杂系统思维应作用于其重构和韧性机理建设，应关注其自身的复杂适应系统特征，延续系统、有机的更新思想，在更新过程中确立多元目标，比选多解方案，分期分步实施，动态适应变化。

基于复杂适应理论，韧性城市应具备主体性、多样性、自治性、适当的冗余性、慢变量管理和标识六大要素。具体到旧工业厂区重构中，通过各适应性主体间的交流、互动，在博弈与妥协中，实现彼此间的适应性平衡，从而聚集成需要的改造活动。各主体在改造过程中存在不同的需求，如未能形成适应性平衡，则会出现诸如强拆、抗拆等对抗事件；反之，一旦达成改造的共识，则会通过显式或隐式的内部模型机制，形成不同的改造模式和改造过程，从而形成新的适应性主体，主体间相互适应进而完成聚集，成为新的复杂适应系统。

（1）主体性。主体性是指系统内的各类主体在环境变化时所表现出的应对、学习、转型、再成长等方面的能力。主体包含多个层次，从市民、企业、社团、政府及由它们组成的建筑、社区、城区到城市整体甚至区域。

旧工业厂区改造系统的参与者即为改造的适应性主体，包括政府及部门，参与的开发商及设计施工企业、原属企业以及其他利益相关者。不同主体承担不同职责，成为改造的管理主体、实施主体、使用主体。管理主体负责宏观的管理工作，注重城市规划的要求以及民生等社会问题的落实。实施主体则在改造中承担实施工作，同时也获取相应的效益。使用主体则更关注与之利益相关的要素。

（2）多样性。系统内事物多样性越高，抗干扰能力就越强。因此，要保证城市生命线的韧性，城市基础设施必须按照分布式、去中心化、小型化，基于复杂适应系统理论的韧性重构设计方法及原则并联式的方式来规划建设。

旧工业厂区绿色重构后，随着整体功能的转变，交通空间在尺度和空间处理上产生了较大变化。重构后，交通空间的使用主体从以车为主转变为以人为主，单一的交通方式已无法满足使用需求，多义性的设计会使得交通空间更加具有韧性，例如在重新划分功能的交通空间中，步行廊道系统、广场空间等的设置，在平时可用作休闲空间，在遇到灾害时，可具备发挥紧急生命通道和避难场所的功能，如图2.7（a）所示。同时，对于原有厂区内集中式、大型化的基础设施如发电系统、污水系统等，在厂区重构后也应向小型化转变，满足不同区域和更密集使用者的需求，也体现韧性化的设计理念，如图2.7（b）所示。

（3）自治性。自治性是指城市内部不同大小的单元都能在应对灾害的过程中具有自救或互救的能力，或能依靠自身的能力应对或减少风险。城市是由各类单元按一定层级次序组合而成的，这些单元的"自治性"支撑着城市的韧性。在应对灾害或外部压力时，各类单元主体表现出一定的自治性，如构建自治防灾适灾管理系统、基础设施等，并在过程中积累经验，如图2.8（a）所示。旧工业厂区在其重构后，作为一个新的功能系统，在其功能更多样的同时，要注意其管理层面的统一性，发挥区域内的自治能力，构建自治自救、应对突发事件的管理平台。

（4）适当的冗余性。适当的冗余性是为了避免"剑走边锋"带来的脆弱性，城市在

(a)   (b)

图 2.7 多样韧性要素

(a) 多功能廊道；(b) 小型污水处理

(a)   (b)

图 2.8 自治韧性要素

(a) 自治式消防站；(b) 节能设施

基础设施建设中必须要预留出可替代、可并列使用和可自我修补的冗余量，且冗余量越大，韧性也就越强。旧工业厂区绿色重构，应突出其对生态和节能的考虑，建筑重构过程中对绿色建筑营造的考虑，可以增加厂区的冗余性。例如，在重构后的建筑中引入中水处理系统，自动收集并净化污水和雨水，将看似无用的水资源统一收集、分散处理、多级回用，将有助于节约大量的水资源和应对水资源短缺的问题；也可利用工业建筑原有的构造，充分考虑热循环系统的节能设计，节约空调和供热的耗能，如图 2.8 (b) 所示。

(5) 慢变量管理。许多城市脆弱性是"温水煮青蛙"造成的，在潜移默化的过程中对风险逐渐麻痹，以致应对能力下降，此类慢变量风险突出表现在房地产市场热潮和地下燃气管网老化等方面。基于现代信息技术的智慧系统则可以对人类觉察不到的风险提出预警，并指出风险累积的临界点。在旧工业厂区重构工程中建立好厂区各类设施使用情况的智慧化监管系统，可有效提升厂区韧性。

(6) 标识。人们通过标识来区分各种不同主体的特征，实现需求与供给的高效自组织配对，从而减少因系统整体性和个体性矛盾引发的雷同性和信息混乱。在标识运用成熟的系统里，主体的能动性增强，在灾害发生时能够准确区分危险与安全，从而提高城市抗灾能力。旧工业厂区重构的过程和结果需与环境综合整治子系统相融合，如从拆除新建、有机更新中可以看出当时主体对于环境综合整治的需求，这些都具有标识的作用；旧工业厂区重构使用后也可以利用标识系统提升厂区管理水平，如图2.9所示。

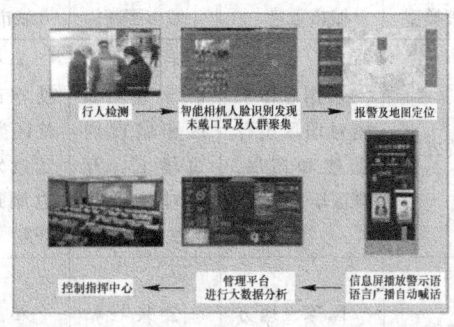

(a)   (b)

图2.9　标识韧性要素
(a) 智能管理系统；(b) 识别系统

2.2　城市更新理论

2.2.1　城市更新的基本原理

城市更新理论的研究和实践随着城市的发展和变革在不断前进，同时更新与重构是当下实现城市绿色发展、韧性发展、可持续发展的主要途径。国内外城市更新的内涵不断发展，由城市所处的发展阶段、需求理念与核心挑战共同界定，形成多种定义，见表2.3。总体来说，从早期单纯的"物质空间的必要改善"逐步发展为"为实现经济、社会、空间、环境等改善目标而采取的综合行动"，更新内容从"物质"扩展到"社会"，空间范围从"社区"扩展到"区域"，参与主体从"政府"扩展到"市场"。

表2.3　"城市更新"相关定义

《英国大百科全书》	综合计划，是对各种复杂城市问题予以全面的重新调整
《现代地理科学词典》	城市在其发展过程中，经常不断地进行着改造，呈现新的面貌。一般情况下，城市更新所追求的是对中心城区予以振兴、对社会活力予以增强、对城市环境予以优化，吸引社会中上层居民的返回，借助地价的增值实现税收的增加，改善社会环境
《中国大百科全书》	由于社会环境、经济发展、科技进步等诸多因素的推动，旧城区需要改建和优化
《为了90年代的城市复兴》（利歇菲尔德）	用全面及融合的观点与行动为导向来解决城市问题，以寻求对一个地区得到在经济、物质环境、社会及自然环境条件上的持续改善

2.2.2　城市更新的理论基础

2.2.2.1　欧洲城市更新阶段及理论

第二次世界大战后，西方国家开始城市更新的历程，并经历了不同的发展阶段，见表2.4。

表 2.4　欧洲城市更新阶段

阶段	20世纪50年代	20世纪60年代	20世纪70年代	20世纪80年代	20世纪90年代	21世纪
政策类型	城市重建	城市更新	城市开发	城市再开发	城市复兴	衰退下的再生
主要方向	依据总体规划对旧区进行重建和拓展，郊区增长	对前十年的延续：郊区和城市周边增长；开始对恢复的尝试	集中推进就地改造和住区类项目；延续对城市边缘地区的开发	许多大规模开发和在开发项目；示范项目；城外开发	政策和实践均注重综合性，强调整体、和谐的手段	整体收缩开发行为在局部地区放松限制
关键参与者	国家、地方政府，私人开发商和承包商	公共与私人角色愈加平衡	私人作用增强，地方政府分权	私人和政府专职机构为主，社会合伙人机制增加	合伙人机制成为主导方式，政府专职机构数量增加	更强调私人资金和公益角色
空间层次	局限在地方和场地	区域层次的开发开始出现（大尺度）	区域和地区并举，后期更强调地方层面	早期强调场地，后期扩展到地方（小至中尺度）	重新引入战略视角，区域层次的关怀增加（超大尺度）	早期以地方为主，带有部分次区域层次开发
资金来源	公共部门投资：一定程度的私人参与	同前，但私人投资加大	公共资源被约束，私人投资继续增大	私人资金主导，部分公共资金	公共、私人和公益资金相对平衡	私人资金主导，部分政府资金
社会目标	改善住宅和居住标准	改善社会福利	社区的自发性和自主性不断提高	国家优先资助下的社区自助	社区规划、邻里自由，强调社区的角色和作用	强调地方自主，鼓励第三方
空间侧重	内城拆建，城周开发	同前，亦有对已建成地区的修复建设	老城区大规模改造	大规模拆除重建，推广旗舰项目	较20世纪80年代更注重遗产保护和延续	更小尺度的开发换取更大回报
环境手段	打造景观，增加绿化	选择性改善	有一定创新的环境改善	要求更多元的环境手段	在可持续发展的语境中解读环境	对可持续发展的普遍认同

　　20世纪70年代《英国大都市计划》提出"城市复兴"的概念，以求回应出现的种种复杂的城市社会问题。城市复兴涉及经济活力的再生和振兴，恢复已经部分失效的社会功能，处理未被关注的社会问题，以及恢复已经失去的环境质量或改善生态平衡等，城市复兴更着眼于对现有城区的管理和规划，而不是对新城市化运动的规划和开发。

　　21世纪至今，城市更新快速发展，但在某些特定的区域限制整体开发，追求以可持续发展的观念进行城市更新，注重保护历史建筑和环境，强调公益性。建设以私人基金投入为主、部分政府资金为辅，以地方为主、区域为辅相结合的多层次开发计划，鼓励委托第三方参与管理，提升效益。新时代的城市更新更注重质量，而非数量；更注重内涵，而非外表的方式推进城市更新。

总体来说，欧洲近半个世纪以来城市政策体现出：管制特点由自上而下逐渐扩充为自上而下与自下而上并举，将目光重新投向公民层面，使公民和社区力量成为国家繁荣、安定的重要支持；目标关注点从最初的物质环境改善、城市形象提升和经济利益回报逐渐转移到城市生活质量的提高、居民生活品质的优化和城市文脉的延续，以人为本的理念得以重视和强调。

2.2.2.2 国内城市更新阶段及理论

我国城市更新自 1949 年发展至今，在积极推进城镇化的过程中，其内涵日益丰富，外延不断拓展。由于不同时期发展背景、面临问题、更新动力以及更新制度的差异，其更新的目标、内容以及采取的更新方式、政策、措施亦相应发生变化，呈现出不同的阶段特征，见表 2.5。

表 2.5　国内城市更新阶段

阶段	主要内容	案　例	主要思想
改革开放前 (1949~1977 年)	以解决迫切的基本生活需要为目的，主要包括改善环境卫生、发展城市交通、整修市政设施和兴建工人住宅等措施	北京龙须沟整治、上海棚户区改造、南京秦淮河改造和南昌八一大道改造等	"梁陈方案"跳出老城，从更大的区域层面，解决城市发展与历史保护之间的矛盾
改革开放后 (1978~1989 年)	形成和完善城市多种功能、发挥城市中心作用的基础性工作。为了满足城市居民改善居住条件、出行条件的需求，偿还城市基础设施领域的欠债	北京、上海、广州、南京等城市，相继开展了大规模的旧城改造	吴良镛先生提出"有机更新论"，以"类四合院"体系和"有机更新"思想进行旧住区改造，保护了北京旧城的肌理和有机秩序
1990~2011 年	在高速城镇化背景下，市场机制引入使得旧区土地得以增值，在全国各大城市陆续展开了城市更新活动	北京 798 艺术区、上海世博会、南京老城南地区等	更新类型涉及重大公共基础设施、老旧工业区、历史街区保护、城中村改造等类型，但也发生了破坏城市历史风貌、社会矛盾激化等问题
2012 年至今	城市更新开始注重城市内涵的发展、提升城市品质、促进产业转型、加强土地的集约利用。全国各地从广度和深度上全面推进城市更新工作，呈现以大事件导向提升城市发展活力的整体式城市更新	以产业结构升级和文化创意产业培育为导向的老工业区更新再利用，以历史文化保护为主题的历史街区保护性整治与更新，改善困难人群居住环境为目标的棚户区与城中村改造	突出治理城市病和让群众更有获得感的城市双修等多类型、多层次和多维角度的探索新局面

2.2.2.3 我国城市更新进入新阶段

2021 年"十四五"规划明确提出实施城市更新行动，准确研判了我国城市发展新形势，对进一步提升城市发展质量作出了重大决策部署。我国已经步入城镇化较快发展的中后期，不仅要解决城镇化过程中的问题，还要更加注重解决城市发展本身的问题，制定实施相应政策措施和行动计划，走出一条内涵集约式高质量发展的新路。城市更新是推动城市高质量发展的必然选择，应成为未来我国城市发展的新常态，我国四大一线城市的城市更新政策机制不断优化，"十四五"期间城市更新相关政策法规如图2.10所示。

北京	2021年8月《北京市城市更新行动计划(2021~2025年)》 2021年8月《北京市"十四五"时期老旧小区改造规划》
上海	2020年2月《上海市旧住房综合改造管理办法》 2021年8月《上海市城市更新条例》
广州	2021年7月《广州市城市更新条例(征求意见稿)》 2021年8月《广州市老旧小区改造工作实施方案》
深圳	2021年3月《深圳经济特区城市更新条例》

图2.10　城市更新相关政策法规

2.2.3　城市更新的实践方式

2.2.3.1　城市更新实践层次

依据不同的尺度与层次，国际上城市更新一般可分为国家、都市圈、城市、功能单元、社区单元和特定地区（SPD）六个层面，各层面城市更新的关注重点、尺度范围、内容、方式方法等有所不同，如图2.11所示。对照这六个层次来看，目前我国的城市更新实践主要集中于城市层面，如城市双修工程、综合管廊建设、城市综合整治、海绵城市建设等；以及功能单元层面，如商业中心复兴、历史街区保护、老旧厂区改造、枢纽地区更新、滨水地区提升、旧城旧村改造等。还有特定地区（SPD）层面，如历史风貌地段、城市核心地段等。旧工业厂区绿色重构属于特定功能单元层面的更新。旧工业厂区在特定时期为人类社会进步发挥了极其重要的作用，见证了该时期人类历史的发展，因此旧工业厂区进行重构具有丰富的社会价值，是城市更新实践探索的重要阵地。

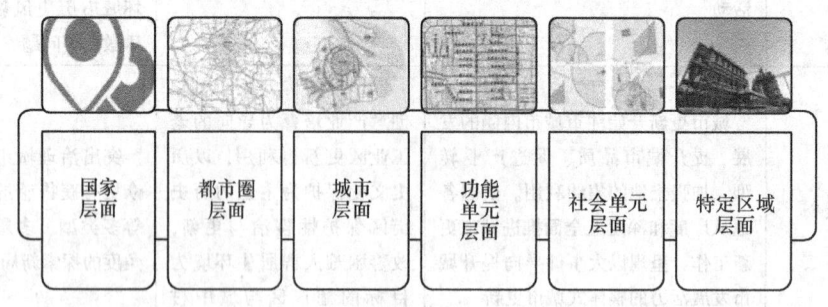

图2.11　城市更新实践主要层面

2.2.3.2　城市更新发展趋势

（1）更新主体的多元协同。城市更新需要通过各主体之间的协作。旧工业厂区绿色重构关系到多方主体的利益，一方面其用地性质特殊、占地面积较大，在功能性和经济性上要把握好政策要求和市场需求；另一方面旧工业厂区形成一定时期共同的历史记忆，需要关注到使用者对工业文化、工业建筑、集体记忆的认知，以及重构后使用者的需求。注重公众参与度，丰富公众参与的形式，如图 2.12 所示。

图 2.12　城市更新中的公众参与

（2）更新过程的有机推进。城市更新工作应突出区域和过程中的"有机更新"，一方面是对城市建成区城市空间形态和城市功能的整体性考虑；另一方面要体现在更新过程中的持续完善和优化调整，以小规模、渐进式、可持续的方式推进更新。绿色重构将饱含城市记忆的旧工业厂区通过功能置换使其重新焕发活力，这是对城市的一种改善修补、对该地区凝聚力和生命力的有效激发，但目前我国部分旧工业厂区重构过程中并未很好融合周边城市区域，在重构形式上单一、不符合区域需求，导致后期发展中缺乏动力和活力，如图 2.13 所示。

图 2.13　旧工业厂区更新后缺乏活力

（3）更新技术的丰富提升。城市设计水平和相关技术水平的提升是将理论落实到空间、实现重构目标的保障。旧工业厂区是城市中低效土地，对低效土地的盘活来促进经济社会的发展，以高质量改造来提升城市空间形态。其中，一方面通过更加丰富、先进的城市设计方式，以空间规划、建筑设计、景观设计等途径，实现厂区的绿色重构，围绕工业文化遗产的保护、改造和利用来延续城市文脉和提升城市人文气质；另一方面，旧工业厂区重构通过技术水平的提高，进行数字化、生态化的基础设施更新，建筑方面优先使用绿色材料来优化城市的生态水平，打造韧性、智慧、生态的厂区。

2.3　海绵城市理论

2.3.1　海绵城市的基本原理

"韧性城市"的理念在一定程度上是由"海绵城市"发展而来的，虽然两者在主体和实现方式上有所不同，但其在应对外部冲击的思维上是一致的，体现了对城市灾害从"对抗"到"适应"的理念转化。海绵城市通过建立尊重自然、顺应自然的低影响开发模式，是系统地解决城市水安全、水资源、水环境问题的有效措施。

（1）理念本质。海绵城市的本质是改变传统城市建设理念，实现与资源环境的协调发展。海绵城市遵循顺应自然、与自然和谐共处的低影响发展模式，海绵城市建设又被称为低影响设计和低影响开发（low impact designer development）。传统城市利用土地进行高强度开发，海绵城市实现人与自然、土地利用、水环境、水循环的和谐共处，如图2.14所示。传统城市建成后，地表径流量大幅增加，海绵城市建成后地表径流量能保持不变，如图2.15所示。

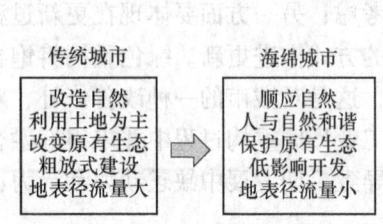

图2.14　海绵城市与传统城市的比较

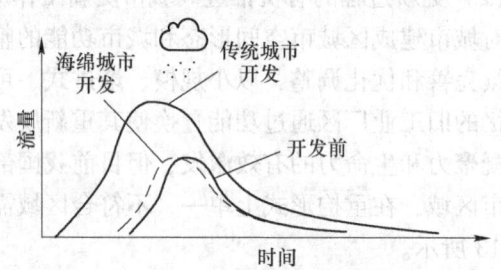

图2.15　低开发影响水文原理示意图

（2）理念目标。海绵城市的目标是让城市"弹性适应"环境变化与自然灾害。一是保护原有水生态系统。通过科学合理划定城市的"蓝线""绿线"等开发边界和保护区域，最大限度地保护原有河流、湖泊、湿地、坑塘、沟渠、树林、公园草地等生态体系，维持城市开发前的自然水文特征。二是恢复被破坏水生态。对传统粗放城市建设模式下已经受到破坏的城市绿地、水体、湿地等，综合运用物理、生物和生态等的技术手段，使其水文循环特征和生态功能逐步得以恢复和修复，并维持一定比例的城市生态空间，促进城市生态多样性提升。三是推行低影响开发。在城市开发建设过程中，合理控制开发强度，减少对城市原有水生态环境的破坏。四是通过种种低影响措施及其系统组合有效减少地表水径流量，减轻暴雨对城市运行的影响。如图2.16所示，海绵城市遵循"渗、滞、蓄、

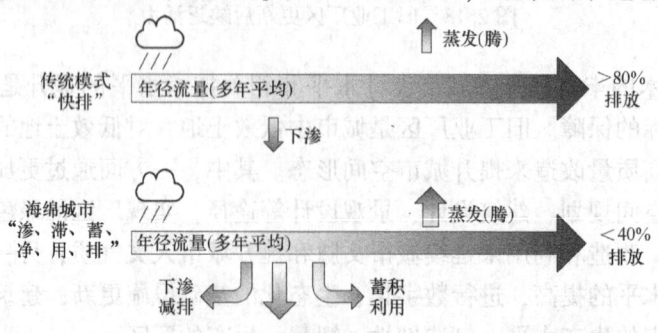

图2.16　海绵城市转变排水防涝思路

净、用、排",把雨水的渗透、滞留、集蓄、净化、循环使用和排水密切结合,统筹考虑内涝防治、径流污染控制、雨水资源化利用和水生态修复等多个目标。

2.3.2 海绵城市的理论基础

2.3.2.1 国外相关理论及实践

海绵城市最早由澳大利亚人口研究学者 Budge(2006)将海绵来比喻城市对人口的吸附现象。而如今,学者们将"海绵"比作城市的雨洪调蓄能力。当前国际上多个国家形成了关于"海绵城市"的雨洪管理理念,见表 2.6。

表 2.6 海绵城市相关理念的雨洪管理理念

国家	"海绵城市"相关理念
英国	可持续排水系统(Sustainable Urban Drainage System,SUDS)
美国	低影响开发(Low Impact Development,LID)、最佳管理措施(Best Management Practices,BMPs)、绿色基础设施(Green Infrastructure)及绿色雨水基础设施(Green Storm Water Infrastructure,GSI)
德国	雨水利用(Storm Water Harvesting)和雨洪管理(Storm Water Management);澳大利亚的水敏性城市(Water Sensitive Urban Design,WSUD)
新西兰	低影响城市设计与开发(Low Impact Urban Design and nevelopment.IITInn)
日本	雨水贮留渗透计划

一些发达国家对于海绵城市相关理论和系统的研究与实践已经较为成熟,其中美国、德国和日本是较早开展低影响开发(LID)建设的国家,经过几十年的发展,已取得了较为丰富的实践经验。2012 年哥本哈根在暴雨袭击后,以该实践为契机进行城市更新行动,出台防洪排涝管理规划,该规划策略为"五指形"结构方案,整合主要街道间的公共空间,作为可以滞蓄雨水的空间,形成城市"蓝绿空间",同时城市里的湖泊也会形成区域海绵体,在城市遭受暴雨时发挥蓄水作用,如图 2.17 所示。

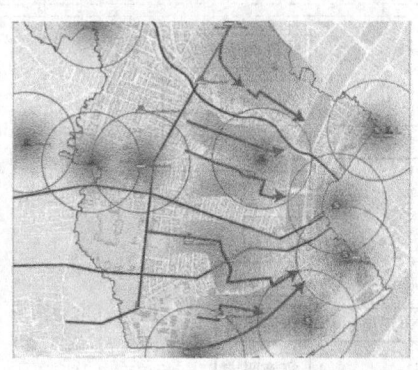 

(a)　　　　　　　　　　　　　　　(b)

图 2.17 国外海绵城市建设实践项目

(a)整体布局(哥本哈根);(b)公园雨洪前后对比(哥本哈根)

2.3.2.2 国内相关理论及实践

国内最早在城市建设中提出"海绵"概念的是在《城市景观之路》一书中,俞孔坚和李迪华提出:"把维护和恢复河道及滨水地带的自然形态作为建立城市生态基础设施的十大关键战略",并指出"河流两侧的自然湿地如同海绵,调节河水之丰俭,缓解旱涝灾害"。

深圳颁布《深圳市雨洪利用系统布局规划》，明确了雨洪利用的目标和建设项目的选择以及相应的政策保障等内容。其他多地也进行了建设海绵城市的实践，如图 2.18 所示。

(a)   (b)

图 2.18   国内海绵城市建设实践项目
(a) 校园海绵设施景观（沈阳）；(b) 公园海绵设施景观（三亚）

2014 年 11 月，住房和城乡建设部发布《海绵城市建设技术指南——低影响开发雨水系统构建（试行）》（简称《指南》），《指南》提出了海绵城市建设的基本原则、规划控制目标分解、落实及其构建基础框架，如图 2.19 所示，明确了海绵城市建设中城市规划、工程建设及管理中的内容、要求与方法，并提供了我国部分实践案例。当前国内城市各层级海绵城市建设内容，见表 2.7。

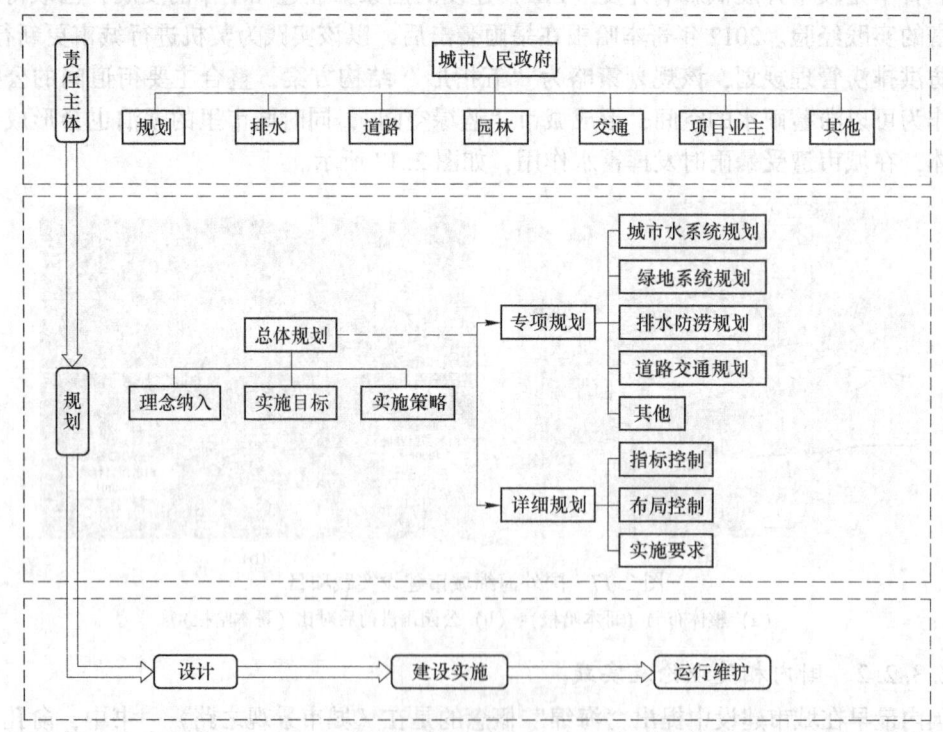

图 2.19   海绵城市系统构建程序示意图

表 2.7 国内城市各层级海绵城市建设内容

类　型		海绵城市建设内容
总体规划		"廊道贯通、组团布局"田园城市总体空间形式；用地布局，确定重点建设区域
控制性详细规划		控制土地开发强度，确定各地块控制指标
修建性详细规划		LID设施选择/配置
工程建设	道路交通	道路设施、场站设施、停车场等透水化建设
	水系	河流水质净化，河流连通
	排水	生物滞留池，蓄水池/罐
	绿地系统	生态公园建设改造，下沉式绿地，植草沟，绿化带/林带建设，绿道
	建筑	绿色建筑，绿色屋顶，垂直绿化

2021年4月，财政部、住房和城乡建设部、水利部发布了《关于开展系统化全域推进海绵城市建设示范工作的通知》，"十四五"期间，三部门将确定部分城市开展典型示范，系统化全域推进海绵城市建设，中央财政对示范城市给予定额补助。其中，第一批确定20个示范城市。力争通过3年集中建设，示范城市防洪排涝能力及地下空间建设水平明显提升，河湖空间严格管控，生态环境显著改善，海绵城市理念得到全面、有效落实，推动全国海绵城市建设迈上新台阶。

2.3.3 海绵城市的实践方式

2.3.3.1 海绵城市的系统性以及政策要求
海绵城市的系统性以及政策要求，需要海绵城市规划进行分层设计。

A 宏观层面

"海绵城市"的构建在这一尺度上重点是研究水系统在区域或流域中的空间格局，即进行水生态安全格局分析，并将水生态安全格局落实在土地利用总体规划和城市总体规划中，成为区域的生态基础设施。海绵城市宏观层面规划意义，如图2.20所示。

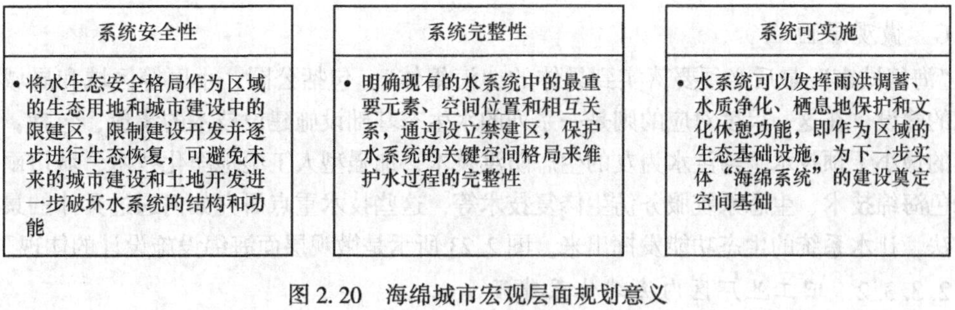

图 2.20 海绵城市宏观层面规划意义

要强调自然水文条件的保护、自然斑块的利用、紧凑式的开发等方略，还必须因地制宜确定城市年径流总量控制率等控制目标，明确城市低影响开发的实施策略、原则和重点实施区域，并将有关要求和内容纳入城市水系、排水防涝、绿地系统、道路交通等相关专项或专业规划，如图2.21所示。

图 2.21　宏观层面海绵城市规划示意图（武汉）

B　中观层面

中观层面主要涵盖城区、乡镇、村域尺度，或者城市新区和功能区块。重点研究如何有效利用规划区域内的河道、坑塘，并结合集水区、汇水节点分布，合理规划并形成实体的"城镇海绵系统"，并最终落实到土地利用控制性规划甚至是城市设计，综合性解决规划区域内滨水栖息地恢复、水量平衡、雨污净化、文化游憩空间的规划设计和建设，如图 2.22 所示。

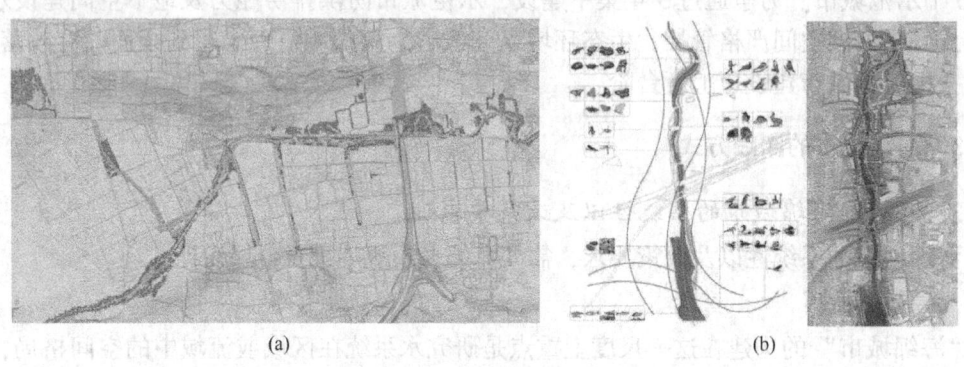

图 2.22　中观层面海绵城市规划示意图

(a) 原始河道修复设计（日内瓦）；(b) 生态绿色河道（美国斯坦福德）

C　微观层面

"海绵城市"最后必须要落实到具体的"海绵体"，包括公园、小区等区域和局域集水单元的建设，在这一尺度对应的则是一系列的水生态基础设施建设技术的集成，包括：保护自然的最小干预技术、与洪水为友的生态防洪技术、加强型人工湿地净化技术、城市雨洪管理绿色海绵技术、生态系统服务仿生修复技术等，这些技术重点研究如何通过具体的景观设计方法，让水系统的生态功能发挥出来。图 2.23 所示是微观层面海绵设施设计的体现。

2.3.3.2　旧工业厂区内海绵体系建设

海绵城市建设是实现我国生态文明理念的重要举措，是缓解城市内涝的重要途径。生态环境是未来城市重要的发展优势和核心竞争力，旧工业厂区的绿色重构、韧性提质，要创新应用海绵建设措施。尤其是旧工业厂区原有生态环境存在较多问题，更新重构后随着功能的转变也面临环境层面的挑战，采用"渗、滞、蓄、净、用、排"六大措施进行海绵体系的建设，在收水、蓄水和用水之间形成水系统循环，如图 2.24 所示。

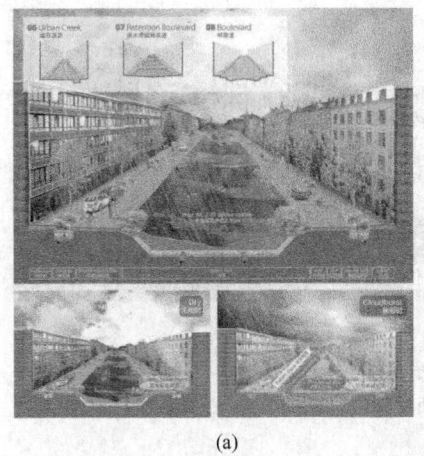

(a)   (b)

图 2.23 微观层面海绵城市设施设计
（a）道路中央设置海绵设施（哥本哈根）；（b）河道生态还原增加渗水能力（新加坡）

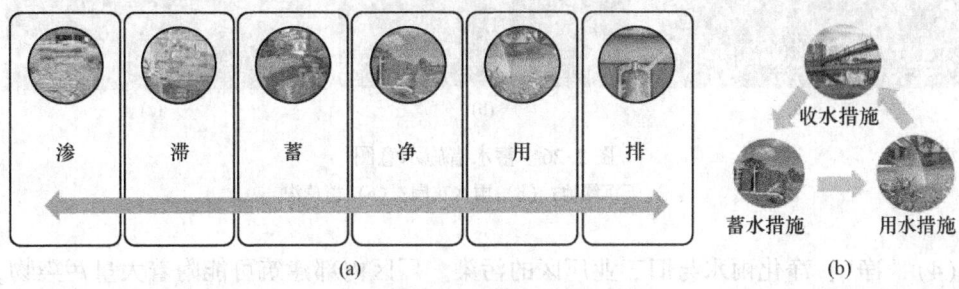

(a)   (b)

图 2.24 海绵体系建设示意图
（a）六大措施；（b）水循环

（1）"渗"：采用透水铺装提高下渗率。旧工业厂区多存在着工业时期遗留的建筑物、构筑物或工业机器等，原本的建筑形式和内部并未考虑雨水渗流和生态保护的功能，因此存在许多不透水混凝土，改变了最初的生态与自然环境。因此，在改造时采用透水铺装提高下渗率十分重要，这样不仅可以减少地表径流，还能补充地下水、净化雨水等，如图 2.25 所示。

（2）"滞"：减缓水流集中速度。植物不仅能吸收水分，同时还能拦截水分，可以有效地减缓雨水径流的流速，降低径流排放总量。海绵城市在旧工业厂区更新中可以采用的主要技术措施是雨水花园和下沉式绿地、植草沟等，如图 2.26 所示。旧工业厂区滞水空间设置时，应该综合利用植被、土层以及微生物系统，对工业废弃地内部污染进行修复的同时，在雨季能对雨水径流里面的污染物进行净化。

（3）"蓄"：调蓄雨水。通过雨水花园、下沉式绿地以及屋顶花园等渗滞设施的净化处理是远远不够的，旧工业厂区内土地和厂房中存在污染物，因而还需要调蓄净化的功能。场地如果有原有污染，我们在建设人工湿地时需考虑水体下渗可能引发的污染扩散问题，应当采取湖底覆膜或其他生物技术，维持储水湿地的生态性。

(a)   (b)

图 2.25 下渗措施示意图

(a) 透水铺装；(b) 路面材料对比

(a)   (b)   (c)

图 2.26 蓄水措施示意图

(a) 下沉绿地；(b) 雨水花园；(c) 植草沟

（4）"净"：净化雨水与旧工业厂区的污染。厂区内部建筑可能附着大量污染物，下雨时这些污染物质被雨水冲刷带走，未经净化的雨水会严重影响公园的环境质量，同时厂区内土壤污染也需要不断的净化，所以我们应合理采用物理或生物净化的手段对雨水进行净化处理。

（5）"用"：充分利用雨水资源在水资源日益欠缺的前提下，建立一套完整的雨水再利用系统是十分必要的。公园内"用"水主要是植物的灌溉，水景观的塑造以及卫生用水等。在旧工业厂区中，可以将雨水资源进行收集，确定无污染后可以进行植物灌溉或者喷泉景观塑造等。

（6）"排"：排放初期雨水和超量雨水。排是必不可少的一个重要环节，刚下雨初期的雨水混有大量空气悬浮物，它们会对下渗这一物理通道造成拥堵，因此应在降雨初期或在厂区内部达到最大蓄水量时将雨水排入市政管道或自然河流中。

2.4 智慧城市理论

2.4.1 智慧城市的基本原理

2.4.1.1 基本概念

智慧城市有着狭义和广义的概念界定。狭义的智慧城市是指基于物联网，通过物化、互联和智能的方式使城市的各项功能相互协调。本质是通过更彻底的感知，更广泛的联系，更集中、深入的计算，为城市肌理植入智慧基因。

　　广义的智慧城市是一种新的城市形式的认知、学习、成长、创新、决策、监管能力和行为意识，是指以"发展科学化，管理效率化，社会和谐化，生活美好化"作为一个目标，基于自上而下、有组织的信息网络系统，使整个城市有一个相对完整的感知。基于大数据基础的智慧城市具有更复杂的概念定义，由最初的数字城市发展而来，存在于网络空间中，是物质城市现实生活的数字表示。

2.4.1.2　核心要求

　　智慧城市的核心是以一种更智慧的方法，通过利用以物联网、云计算等为核心的新一代信息技术来改变政府、企业和人们相互交往的方式，对于包括民生、环保、公共安全、城市服务、工商业活动在内的各种需求做出快速、智能的响应，提高城市运行效率，为居民创造更美好的城市生活。

　　从功能角度看，智慧城市体系可以分感知层、网络层和应用层，具备更透彻的感知、更广泛的互联互通、更深入的智能化等特征，如图 2.27 和图 2.28 所示。

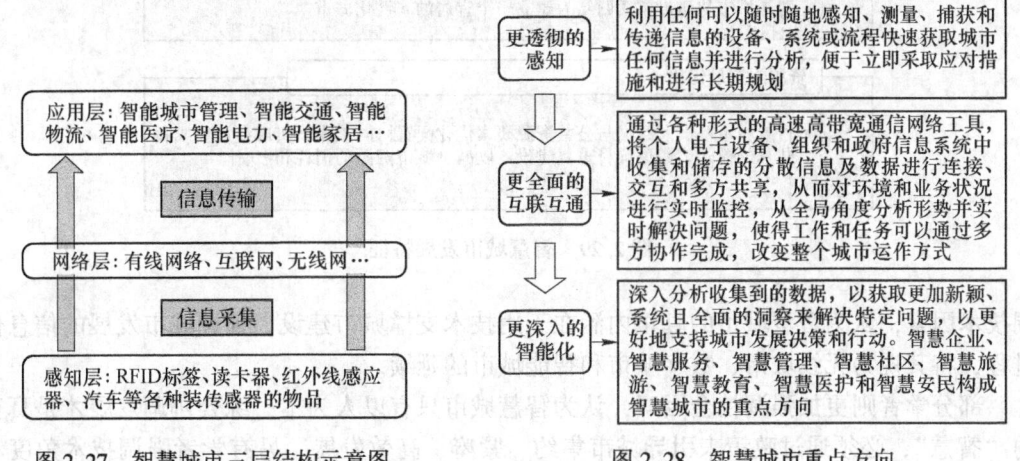

图 2.27　智慧城市三层结构示意图　　　　　图 2.28　智慧城市重点方向

2.4.1.3　发展特征

　　智慧城市建设是内涵型城镇化发展的重要方面，管理高效、服务便民、产业发展、生态和谐等等均是新型智慧城市发展的目标方向。智慧城市具备全面信息化、多面融合化、高度人性化和资源配置最优化等特征，如图 2.29 所示。

2.4.2　智慧城市的理论基础

2.4.2.1　国内相关理论

　　智慧城市理论演进早在 20 世纪 90 年代初，钱学森先生便前瞻性地提出"大成智慧学"理论，高度关注了人在科技发展中的决定性作用，强调"人机结合、人网结合、以人为主"，提出"集大成、成智慧"。

　　到目前为止，国内外学者们对于智慧城市概念的界定依旧没有定论。部分学者更加强

全面信息化

- 基于物联网、云计算、互联网和大数据等基本信息的结构,通过物联网和移动终端不断进行数据采集;
- 将数据上传到云平台以形成大数据;
- 信息消费者可以通过信息服务和应用程序按需访问数据,信息需求也是信息提供者;
- 增强了环境的友好性和可持续性,提高了城市管理的效率和科学性

多面融合化

- 智慧城市的本质是整合,不仅是数据层面的整合,还包括系统架构、服务应用等方面的整合;
- 基于公共信息资源融合的城市操作系统的整合与合作,实现有效的服务和管理

高度人性化

- 智慧城市将为市民建立一个无处不在的平等机会城市,并提供更优质的便利服务;
- 智慧城市的建设本质归结为建立一个宜居的人性化城市

资源配置最优化

- 智慧城市基于大数据与公共资源要素优化配置协同工作,实现高度集成和共享的模式,避免项目重复建设,以减少城市资源的消耗和浪费

图 2.29　智慧城市发展特征

调技术因素,认为智慧城市的真正内涵在于用技术支撑城市建设,强调城市发展的信息化过程,将其视为无线城市、数字城市和智能城市的延续。

部分学者则更加强调社会因素,认为智慧城市只有以人为本,综合协调发展才是真正的"智慧",必须通过政策来引导城市集约、紧凑、高效发展。另有学者强调技术角度和社会角度并重,认为智慧城市的精髓在于将城市的智能与人的智慧、城市的发展与人的追求紧密地结合在一起。

与此同时,学者们指出大数据时代的智慧城市规划可以从大数据基础设施、智能管理、智能旅行、智能环境和智能生活的理论和实践中进行扩展和调整,从而探索新的规划方法并产生新的规划思路。

2.4.2.2　国外相关理论

国外对于智慧城市理论的研究较为深入,对于相关的信息技术领域的研究较国内也更为深入。国外研究明确了智慧城市建设过程中应该注重协同合作的观点,强调了顶层设计对开展智慧城市建设的前瞻性作用。国外学者更多关注地方政府与企业之间的合作,建设评估主要以第三方评估为主。从科学的角度来看,学者们一般都在关注如何科学地提高智慧城市政府的效率,提高居民的幸福指数。在技术支持方面,物联网技术被认为可以改善人类生活质量,从而改变智慧城市并为节约能源做出贡献。学者们普遍认为物联网技术的更新发展,可以促进智慧经济产业的发展,从而推动智慧城市再发展。

在顶层设计上，学者们探讨智慧城市治理模式，并研究了共享经济对智慧城市发展做出的贡献。对于发达国家，智慧城市建设首要考虑如何走可持续绿色道路。对于不发达国家，智慧城市建设首要考虑如何解决不平衡发展。在实践路径上，研究表明智慧城市建设应贴合城市发展脉络，在建设过程中创新智慧城市群模式设计，紧跟形势变化，选择合适发展路径。

2.4.3 智慧城市的实践方式

2.4.3.1 国内智慧城市建设实践

2018 年以来，各地纷纷出台政策以抓住信息化建设的机遇，提升智慧城市总体发展。从实际效果看，各城市的智慧城市建设都有着不同的发展导向，大致分为以下三方面，见表 2.8。

表 2.8 国内智慧城市发展导向

导向	代表城市	具体内容
数据资源建设	贵阳、合肥	在智慧城市的建设中以大数据共享，信息基础建设为重点开展。将数据资源视为公共资源，充分挖掘信息化建设带来的价值。合肥市成立了全国首家数据资源局，搭建市级大数据平台、政务信息资源交换平台、大数据资产运营公司，统筹信息化资源。这一类的智慧城市建设都是以大数据资源建设为导向，建设大数据资源共享平台加快公共资源信息开放和共享，使智慧城市规划更合理，建设更高效
智慧产业建设	深圳、杭州	高新技术大企业牵头带动城市的智慧产业建设，以跟上智慧城市发展速度。这一类城市在建设中加快云计算、电子信息、物联网、信息服务等智慧产业的发展，以此来加快智慧城市各方面综合协调和同步建设。智慧经济产业建设多为政企合作的模式，政府在后续的智慧城市建设项目中，会需要用到这些智慧产业予以技术支持
管理模式革新	北京、上海	革新城市化管理机制，提升政府的社会公共管理职能。这些城市在建设智慧城市过程中强化了政府的主导地位，普遍认为需要管理机制来优化城市智慧化发展。具体体现在政府部门对智慧城市建设过程中的人文关怀，在管理模式上根据民众需求革新各项管理机制。为进一步加快我国智慧城市建设，当前各地各级政府都在积极谋划，深入顶层设计，出台实施办法

2.4.3.2 智慧城市建设与韧性思维

以韧性思维引导智慧城市规划，以多元治理结构促进智慧韧性城市建设，所谓韧性思维是强调城市复杂系统应对未来不确定性的自我调节能力。以韧性思维引导智慧城市建设有两个关键点：一是未来的不确定性；二是城市自我调节能力。

（1）信息技术的发展使我国城市空间功能的发生具有了显著的流动性和不确定性。新时期的城市更新在于城市功能机制以及城市空间内涵的更新，使之在既有空间本底的基础上具有适应新发展趋势和要求的韧性结构，而不是传统的局限于物质空间的更新改造。当前，智慧城市建设强调系统性，旨在通过数据整合和大数据分析技术，以系统工程模式预测和适应未来城市需求变化。但是，技术本身发展也存在不确定性，单纯依靠技术无法适应未来不确定性环境。因此，大数据技术和城市"智慧大脑"建设不应该是智慧城市规划和建设的核心，而是解决可预期社会问题如人口激增和基础设施供给紧张等矛盾的工具，是研判城市未来潜在风险的"智慧大脑"，如图 2.30 所示。

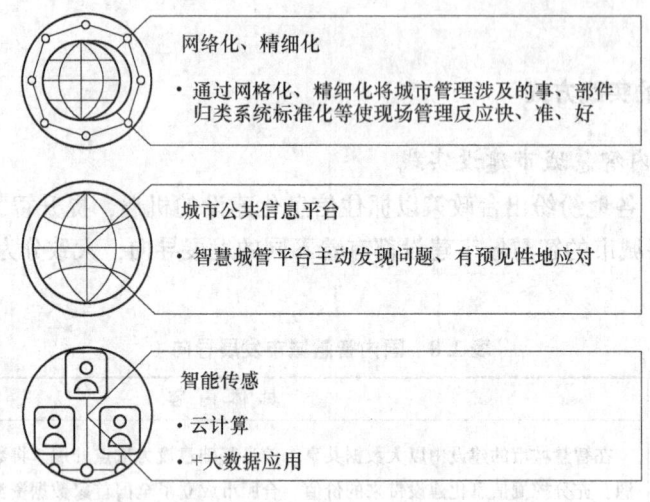

图 2.30　智慧韧性城市的推进机制

（2）城市要应对不确定性，需要更有韧性的自我调节和自组织能力。这种自调节和自组织的能力，关键从来不是技术，而是城市中的人。智慧城市规划需要以企业和公众等城市人为核心，鼓励城市多元主体参与智慧城市建设，以多元主体的技术需求促进多元智慧行业的融合发展，以人为核心，通过大数据和人工智能与城市基础设施的融合发展，为城市未来应对潜在风险和不确定性预留"冗余"空间。

需要提高城市现代化治理水平，并加强城市规划中风险防控的韧性更新，城市持续发展的过程也是风险因素不断积累的过程。加强城市应急和防灾减灾体系建设，综合治理城市公共卫生和环境，提升城市安全韧性，保障人民生命财产安全等成为了新时期城市更新的重要工作内容。较"物质形态的城市更新"，新时期的城市更新需要兼容空间与非空间、确定与不确定、发展与保障、建设目标与过程管理等多种问题的综合应对。

2.4.3.3　智慧化海绵城市建设

智慧化的海绵城市建设，能够结合物联网、云计算、大数据等信息技术手段，使原来非常困难的监控参量变得容易实现。未来，我们将实现智慧排水和雨水收集，对管网堵塞采用在线监测并实时反应；通过智慧水循环利用，可以达到减少碳排放、节约水资源的目的；通过遥感技术对城市地表水污染总体情况进行实时监测；通过暴雨预警与水系统智慧反应，及时了解分路段积水情况，实现对地表径流量的实时监测，并快速做出反应；通过集中和分散相结合的智慧水污染控制与治理，实现雨水及再生水的循环利用等。通过物联网智能传感系统，实现实时监测，如图 2.31 所示。通过以上这些优化设计，可以使我国城市迅速地、智慧地、弹性地应对水问题。

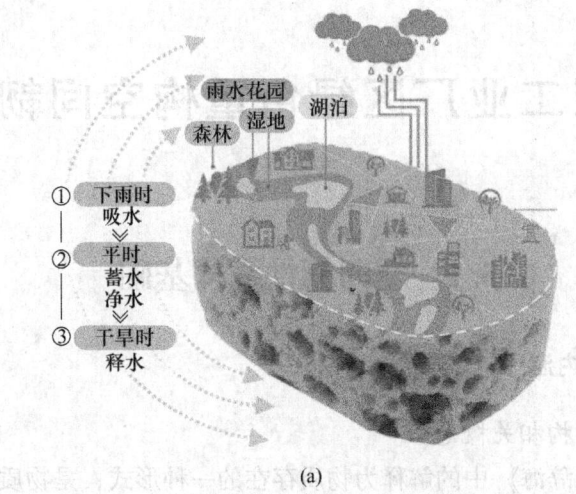

(a)

(b)

图 2.31 海绵设施智慧化示意图

(a) 海绵系统；(b) 智慧信息监管

3 旧工业厂区绿色重构空间韧性分析

3.1 空间韧性重构基础

3.1.1 空间韧性重构内涵

3.1.1.1 空间重构相关概念

"空间"一词在《辞海》中的解释为物质存在的一种形式，是物质存在的广延性和伸张性的表现。空间是无限和有限的统一，就宇宙而言，空间是无限的、无形的、无边无际的，是与实体相对的，因此凡是实体以外的部分都是空间。

旧工业厂区空间是城市或区域内的制造业、采矿业等工业部门在地域空间上的组合与分布，是城市功能空间的重要组成部分，也是城市工业经济活动的核心载体。旧工业厂区空间具有多重特性，一是物质属性，在旧工业厂区有效范围内地面以上的所有建构筑物、景观及其附属区域等统称为旧工业厂区空间；二是具有社会属性，旧工业厂区空间大多存在了几十甚至上百年，在一定时间内，影响了一部分工人、集团、社会组织等生活。此外，厂区空间与居住、商业服务、绿地等空间相互作用，构成了有机联系的城市空间系统，具有一定的社会文化属性。

重构是计算机科学中的术语，主要是指既有的软件不能满足当前的需求时，对其进行重构使其具有较强的适应能力，以保证系统处于良性的可持续发展状态。空间重构则是指在充分尊重区域发展内涵的前提下，对空间的功能、形态及其组合、交通组织、景观环境等内容进行调整以使其可持续发展的方法论。因而，空间重构不应仅仅包含物质层面的重构，还应包含社会、精神、文化等多方面的重构。

旧工业厂区空间重构是指，通过功能布局调整、空间结构优化、产业调整完善等过程，使旧工业厂区能够应对和满足国家经济体制、区域经济格局、区域发展战略、产业结构升级、城镇化发展等工业发展环境不断变化带来的客观需要，最终实现工业空间合理布局、城市功能空间协调发展、工业经济健康持续发展等目标。

3.1.1.2 韧性重构相关概念

空间韧性是指在应对外界干扰和冲击时，部分空间能够不依靠外界力量的干预而是利用自身潜在的优势通过重组和更新来构建空间韧性，以降低和缓冲外界风险影响来适应变化和冲击。

旧工业厂区空间韧性重构是指通过建（构）筑物空间重构、景观空间重构、文化空间重构、材料空间重构等过程，使得旧工业厂区空间能够满足社会和城市的发展，具有新的使用功能，实现可持续利用；同时，在面对外界干扰和冲击作用时，能够不依靠外界力量的干预而是利用自身潜在的优势通过重组和更新来降低和缓冲外界风险影响来适应变化和冲击,实现韧性体系的构建。比如,上海杨浦工业片区,在近代工业功能退化之后,利用原有工业构筑物、工业遗存以及沿江的区位优势,迅速进行再生利用,为周围居民及游客提供公共活动空间,如图3.1(a)所示。北京首钢园区,在北京市非首都核心功能政策的号召下整体停产,利用自身工业遗存构建首钢工业遗址公园、冬奥广场等,迅速转型为以钢铁工业文化遗存为特色的主题文化园区。这些都是旧工业厂区利用自身空间优势来构建韧性,以提高自适应和自发展功能过程的体现,如图3.1(b)所示。

(a)　　　　　　　　　　　　　　　　　　　(b)

图3.1　旧工业厂区空间韧性重构案例
(a)上海杨浦工业区;(b)北京首钢

3.1.2 空间韧性重构意义

随着后工业时代的到来,城市发展理念的不断完善,旧工业厂区的存在给城市带来了很多弊端,但这种不合理的混乱也属于城市的历史,是城市工业化的重要体现。旧工业厂区作为城市不多的存量用地,势必会成为城市更新的重要内容,因此对其合理的再生利用是城市更新的必然选择。

(1)推动城市经济发展。随着城市化发展建设的进度逐步加快,城市地皮价格一路飙升,城市经济不断发展,人口稠密程度升高,原来位于城市边缘的工业区逐渐演变成为城市中心区的黄金宝地。对闲置的旧工业厂区以最低的成本合理利用,不仅能够增加区域经济收入,也是对城市区域产业链条的调整与完善,能够为当地居民或原厂职工提供更多的就业机会。同时,由于旧工业厂区建造年代久远,厂区内多是集合的建筑群落分布,建筑尺度一般较大,大部分建筑结构和构件都能够保留再利用,极大地降低了投资成本并缩短了施工周期,在战略上可以缓解城市中心城区的开发压力。

(2)保护社会生态环境。据统计,全世界百分之三十五的固体垃圾来自建设工程,其中包括建设施工过程和建筑所需要各种建筑材料的生产过程。旧工业厂区一般呈规模性分布,再生利用时若是拆除重建,拆除的建筑材料垃圾不仅会产生较大范围的粉尘颗粒污染,同时在运输过程中也会对区域交通、环境产生较大的影响。旧工业厂区空间韧性重构极大程度利用了厂区原有的结构、材料等,大大地减少建筑垃圾的产生,对生态环境的保护有重要意义。

(3)传承历史文化文脉。随着社会的进步、城市的发展,旧工业厂区作为历史和文化的物质空间载体,见证了一代又一代人的奋斗史,更是当下社会重要的历史文化景观。当前旧工业厂区在一定程度上已经不能满足现代功能的要求,但厂区本身的环境文化和场所文化，记载着城市的历史和人们的记忆，再生利用不仅是对城市历史的尊重同时也可以唤醒人们的认同感和归属感，对历史文化保护有重要的意义。

3.1.3　空间韧性重构原则

旧工业厂区绿色重构，不仅能够传承城市工业文明，重新激活区域活力，还能创造一个优美舒适、安全便捷、特色鲜明的人居环境。旧工业厂区的空间韧性重构应当从建（构）筑物空间、景观空间、文化空间等多角度综合考虑，空间韧性重构原则如图3.2所示。

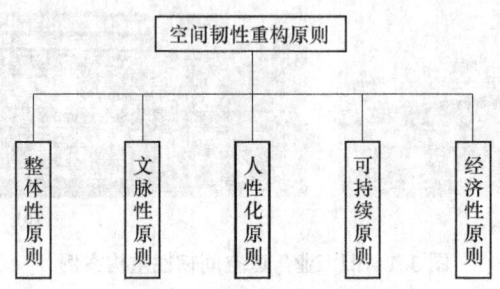

图3.2　空间韧性重构原则

（1）整体性原则。旧工业厂区作为城市的特殊组成部分，厂区的再生利用会对周围环境、文化等产生多方面的影响，因此在韧性重构过程中，不能孤立地对旧工业厂区进行自我修复，应以整体的眼光来考虑旧工业厂区空间与城市各部分之间的关系，使厂区的空间韧性重构与城市整体的发展战略相契合，促进城市各系统的健康发展。同时在旧工业厂区空间韧性重构中，也要注重厂区内各要素间的相互影响，不仅要对物质空间进行重构，还应考虑文化空间的重构。

（2）文脉延续原则。建筑是凝固的历史，承载着城市的记忆，工业建筑象征着工业文明的辉煌，具有鲜明的时代特征。旧工业厂区空间韧性重构中，应充分考虑工业遗存的保护与历史文脉的延续，避免工业特色丢失现象的出现。在空间环境上，要重视区域环境与厂区环境、单体建筑与建筑群之间的关系，重构后的厂区要与周边肌理相呼应，延续原有的肌理表达，保持空间的统一。在文化环境上，旧工业厂区作为"工业精神"的物质载体，重构过程中应充分体现出工业文明的城市记忆的延续。

（3）人性化原则。建筑是为人服务的，脱离了人的建筑空间是没有意义的，良好的空间应体现出对人的足够尊重，给予使用者生理需求及心理需求足够的重视。旧工业厂区内有很多大体量工业建（构）筑物，如高耸入云的烟筒、管道横行的大厂房等，这些空间往往会让人感到局促不安。因此，在旧工业厂区的再生利用中，要依据空间使用者的需求，对空间的功能、形态、秩序以及场所文脉等给予人性化的关怀，设计出富含"人情味"的空间。

（4）可持续原则。近年来，随着污染的持续加重、环境质量不断下降，人们对生态环境的关注持续增加，城市的可持续发展也逐渐成为重点关注的内容。旧工业厂区早期的建造、运营消耗了大量的物质资源，当厂区的生产功能终结之后，以合理的方式进行再生利用，通过置换、完善原有功能，使原有建筑的寿命得以延续，这样不仅可以提高资源的利用率，而且可以降低建筑能耗，在全球资源日趋紧张的今天具有重要的意义。

（5）经济性原则。随着城市的不断发展，经济模式开始出现转型，工业作为城市经济主角的身份已悄然改变，然而旧工业厂区一般身处城市核心地段，当前却无法产生相应的经济价值，因此旧工业厂区的复兴成了城市更新的重要内容。旧工业厂区应该利用城市产业结构调整的机遇，充分利用自身优势，发展合适的产业，使之成为城市经济新的增长点，重新担任起激活区域经济的重任，在空间韧性重构中实现经济利益的最大化。

3.2 建（构）筑物空间韧性

3.2.1 建（构）筑物空间的内涵

彭一刚先生在《建筑空间组合论》中这样描述建筑空间："根据以必要的物质技术手段，围合而成的具有使用价值的空间。这些空间包括两个方面的需求：其一，功能和使用；其二，精神和审美。"旧工业厂区中的建（构）筑物空间是为了满足人们的生产、生活及办公等需要，运用建筑的各种要素与结构等构成的内部空间与外部空间的统称，如图3.3所示。

图 3.3　内部空间与外部空间的关系

（1）内部空间。建（构）筑物的内部空间是指人们在建（构）筑内部活动时所处的空间，也就是指建（构）筑的主体空间。旧工业厂区建（构）筑物在早期建造阶段，由于主要功能为生产使用，所以一般具有较为宽阔的使用面积与坚固的建筑结构，再生利用基础较好，如图3.4所示。当前大多数旧工业厂区处于废弃阶段，对建筑空间进行空间韧性重构，可以很好地实现旧工业厂区的再生利用。

（2）外部空间。外部空间是指由实体构件围合的内部空间之外的一些活动领域，如房前屋后的庭院、广场、街道、绿地、游园等可供人们日常活动的空间，是由人创造的具有某种目的与意义的空间，如图3.5所示。建筑外部空间是与建筑内部空间相对应的概念，外部空间是建筑内部空间的延续，两者之间是相互关联、相互渗透、紧密联系的。城市的魅力不仅在于许多优美的建筑，同时也是因为拥有吸引人的外部空间，而外部空间的设计就是创造这种吸引力的空间技术。

（a）   （b）

图 3.4　建（构）筑内部空间
（a）仓库内部空间；（b）建筑内部空间

（a）   （b）

图 3.5　建（构）筑外部空间
（a）建筑外部空间（一）；（b）建筑外部空间（二）

3.2.2　建（构）筑物空间韧性问题分析

（1）功能性单一。旧工业厂区因使用需求，厂区内建筑功能多为生产生活及工业用品，主要的生产空间内部一般有较大的生产设备，且体积及重量较大，在建设初期就与建筑直接相融，厂区内部空间相对纯粹，建筑功能一般较为单一，如图 3.6 所示。以生产功能为主的生产车间基本不兼容生活类、活动类功能空间，同时生活类空间也基本不包含生产功能、公共功能等，使得厂区内各功能空间只能进行单一的活动，因此旧工业厂区在面对外部干扰时，其内部空间功能相对单一，缺乏弹性。

（a）   （b）   （c）

图 3.6　旧工业厂区建筑空间
（a）热处理车间；（b）设备车间；（c）水压车间

（2）冗余性不足。旧工业厂区空间的冗余性主要表现为满足公众的防灾应急需求，具体包含两个方面：应急通道的多路径设置和应急场所的均衡性布局。前者是指在厂区内有多条通道可以到达避难场所；后者是能够保证应急场所的可达性，保障了安全点物资分配的效率。应急场所的均衡性布局应满足一定空间范围内人群对于应急空间的容量需求，如图3.7所示。旧工业厂区在早期规划建设时期，我国的工业建筑规范尚不成熟，由于缺乏科学的理论指导以及完整的实践规划，工厂应急通道的多路径设置和应急场所的均衡性布局都不够成熟，使得当前许多厂区的空间冗余性不足。

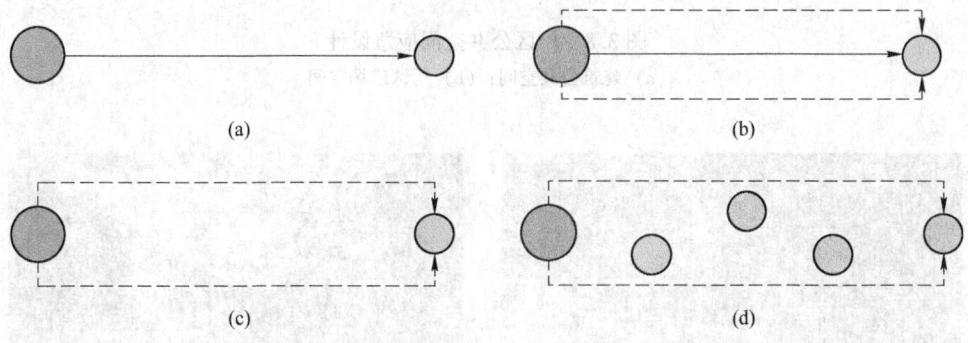

图3.7 提高空间冗余性

（a）应急通道单路径设置；（b）应急通道多路径设置；（c）应急场所单一布局；（d）应急场所均衡布局

（3）连通性较弱。厂区空间的连通性主要表现在两个方面：一是通畅性，厂区内的空间系统应连接通畅，既满足日常使用的便利性，在灾害来临时也能够保证人员迅速安全地疏散至安全区域。同时厂区空间还要与城市空间连接通畅，以保证厂区内部人员能及时进行转移；二是灾害或者突发事件来临时，空间之间的阻断会大大增加时间成本，因此，高效的空间联系就显得尤为重要。然而，当前的工业厂区内部空间之间的连通性较弱，常常出现其中一个空间无法进入到另外一个空间当中的情况，因此应加强空间之间的连通性。

3.2.3 建（构）筑物空间韧性重构策略

3.2.3.1 增强空间的多功能性

增强旧工业厂区空间的多功能性对于提升厂区空间韧性具有重要意义，多功能性的提升可以有效改善厂区的空间环境质量，减少空间单调性，为厂区各种活动的开展及管理制度的实施提供空间载体；同时又能增强厂区空间的防灾能力，在外界风险和灾害来临时，厂区统一的空间为建筑对抗风险提供空间功能基础，公共活动空间不仅能够作为厂区内部人群的紧急避难场所，同时也可以作为临时存放救灾物资的场地，如图3.8和图3.9所示。因此应将厂区内部的公共活动空间纳入防灾体系中，进行应急避难设计。

旧工业厂区建筑空间一般结构较为规则、开间进深大且层高较高，重构过程中可充分利用空间特征进行空间分割。增强空间的多功能性可以从以下两种方式入手。

（1）水平分隔。水平分隔主要是在建筑空间中置入竖向的隔墙或者隔断进行空间的分割，重构过程中可以借助旧工业建筑空间特性，在保留原有结构的同时进行适当地加

(a)   (b)

图 3.8　厂区公共空间应急设计

（a）建筑公共空间；（b）厂区广场空间

(a)   (b)

图 3.9　厂区空间多功能性设计

（a）厂区内部空间作为临时摄影棚；（b）厂区排水沟道作为景观

固，根据空间的开放性以及使用需求等进行空间的灵活分割。例如云南昆明 871 原拉丝机分公司，重构过程中根据建筑物内部空间的特性以及功能需求，将其重构为多功能体育运动馆，通过水平分隔，将内部空间灵活划分为篮球运动区、乒乓球运动区、健身活动区、舞蹈训练区、攀岩娱乐区等空间，如图 3.10 所示。

(a)   (b)

图 3.10　云南 871 多功能体育场馆

（a）建筑外部效果图；（b）建筑内部示意图

（2）垂直分隔。部分旧工业建筑空间层高过高，重构过程中，可对原有空间进行竖向划分，根据功能需求，将内部空间进行全部分隔或局部分隔，新结构一般采取轻钢结构或其他轻质结构，使原有结构与新加结构相互协调，既能利用原有结构，又能采用新型结构进行空间灵活多变的设计。如陕西华清学院餐厅，其建筑原是陕西老钢厂煤气发生站，重构过程中利用其原有的内部空间与旁边一栋三层建筑进行空间联系，形成具有采光中庭的三层学生餐厅，如图3.11所示。

(a)   (b)

图3.11　陕西华清学院学生餐厅
(a) 建筑外部；(b) 建筑内部

3.2.3.2　提高空间的冗余性

旧工业厂区空间冗余性，具体可以从完善"应急疏散多路径设置"和"应急场所多中心分布"两方面去实施。

（1）应急疏散通道多路径设置。城市中很多旧工业厂区已经停产，长时间的闲置会造成厂区内部道路阻隔中断，或是管理不善导致厂区道路遭到破坏，都会使道路的连通性变差，通行效率变低，对厂区空间的冗余性产生较大影响。厂区应急疏散系统应确保在厂区内全覆盖，并且与厂区出入口相连接，形成完整的疏散体系。对于不同厂区的建筑组合情况，应急疏散通道的设置应区别对待，如图3.12所示。

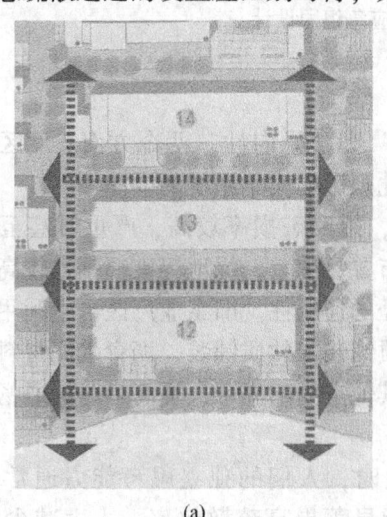
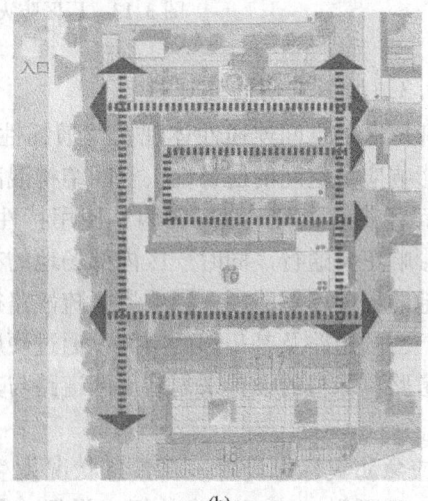

(a)   (b)

图3.12　旧工业厂区应急疏散通道多路径设计
(a) 并列式布局；(b) 围合式布局

（2）应急场所多中心分布。旧工业厂区空间的冗余性仅仅依靠疏散路径的畅通是不能满足要求的，厂区一般占地面积较大，在厂区内部须有足够应急场所空间供紧急状况发生时，进行人流集散。旧工业厂区的容积率和建筑密度相比民用建筑较小，再生利用过程中可以将空旷的外部空间和使用较少的建筑功能重新设计，提升建筑空间韧性，构建防灾应急组团，如图 3.13 所示。

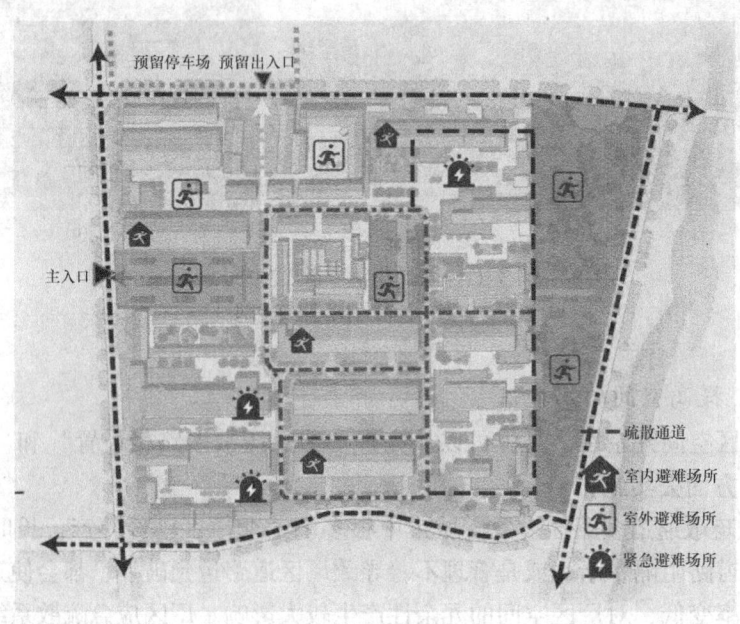

图 3.13　厂区防灾应急组团设计

3.2.3.3　增强空间的连通性

旧工业厂区的空间连通性体现在"通畅性"和"导向性"两个方面。厂区的道路损坏会大大影响应急空间的通畅性，空间结构混乱则影响应急系统的导向性。

（1）路径修复。旧工业厂区因其使用特性，道路破损率较高，严重时甚至出现凹陷或断裂，影响正常通行。同时厂区内部场地的布置、铺装、绿地等破损率也较高，使道路与其他场地的界限不够清晰，影响厂区疏散路径的通畅性。旧工业厂区再生利用时，需要重新规划厂区的道路及其相邻的空间，通过硬质铺装与软质铺装、沥青水泥材料与地砖的区分以及道路、绿植的设置来划清厂区道路与其他空间的界限，提高道路的通畅性，如图 3.14 所示。

（2）应急防灾标志设置。在紧急状况发生时，人们的独立思考能力通常会比平时低，从众心理更强，清晰准确的标志设置，能显著提高疏散效率，大大减少人员财产损失。因此，应在旧工业厂区不同的区域设置防灾指示牌，来形成完善的防灾指示标识系统。

(a)　　　　　　　　　　　　　　　　(b)

图 3.14　昆明 871 创意产业园项目

（a）道路改造前；（b）道路改造后

3.3　景观空间韧性

3.3.1　景观空间分类

景观空间是指为人游憩而塑造的空间，是由天空、山石、水体、植物、建筑、地面与道路等所构成的。景观空间作为人工环境与自然环境的完美结合物，通过巧妙地运用各构成要素，通过各种空间组织手法来营造不同类型的空间，表现空间的性格与特征。它不仅仅是功能性的空间，满足不同功能区域的使用，更是艺术性的空间，满足人们的精神文化需求。其实质不仅仅是通过"有"与"无"来表现空间与实体，更加融入了设计者的艺术与审美因素。景观空间主要由硬质景观和软质景观构成。

3.3.1.1　硬质景观

硬质景观指的是景观设计中用人工材料进行处理建造的景观。旧工业厂区硬质景观分类如图 3.15 所示。

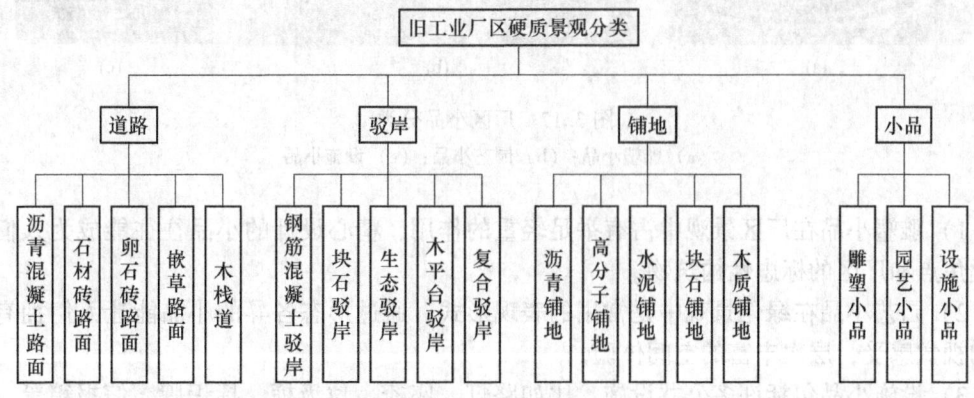

图 3.15　厂区硬质景观分类

（1）道路是工业厂区的脉络框架，它串联起工业厂区所有功能区域，承担集散和交通的功能。厂区绿色重构后，道路依然可以成为一道亮丽的风景线。道路按照铺装材质划分，又可分为沥青路、木栈道路以及其他石材或砖材的铺装路等，如图 3.16 所示。

（a）　　　　　　　　　　　　　（b）

图 3.16　不同材质的路面

（a）石材砖材质路面；（b）沥青混凝土材质路面

（2）驳岸是靠近水系所特有的一种硬质景观形式，驳岸在功能上起到防洪泄洪、保护堤岸的作用；绿色重构时可以通过驳岸的石材、铺装、灯光效果，以及河道内部的高差等营造不同形态的水系，使其动静结合，充满趣味。

（3）铺地是硬质景观中最常使用的场地，通常位于广场等公共场所，由不同的材质构成，给人们提供休息、逗留、娱乐的场所。由于是人流聚集之处，因此铺装在材质上应选择耐久性高、安全稳固的材料。

（4）小品分为雕塑小品、园艺小品、设施小品三种，如图 3.17 所示。

（a）　　　　　　　　（b）　　　　　　　　（c）

图 3.17　厂区小品分类

（a）雕塑小品；（b）园艺小品；（c）设施小品

1）雕塑小品在厂区景观中占有举足轻重的作用，精心设计的小品往往能成为人们的视觉焦点和厂区的标志性构筑物。

2）园艺小品在绿化景观中是常用的表现形式，通过形态各异的小品能让人们拥有不同的视觉感受，层次丰富的空间体验。

3）设施小品包括许多公共设施，比如路灯、座椅、垃圾桶、标识牌、信报箱等，在厂区中是分布最广、数量最多的，同样它们的外观造型也需要进行统一设计，与厂区的整体风貌相协调。

3.3.1.2 软质景观

软质景观主要以非人工材料为主而建造，外观形态自然化、表面物理性质较为柔软的景观要素。在厂区内常见的软质景观包括植物、水体、地形，主要分类及其研究内容见表 3.1。

表 3.1　软质景观要素类型

分类	主要类型	研究内容
植物	乔木、灌木、草木、水生植物	种类、数量、生长情况、使用方式、频率
水体	静水、动水	面积、类型、使用方式、频率
地形	自然式地形	使用方式、频率

3.3.2　景观空间韧性问题分析

3.3.2.1　景观环境同质化严重

随着后工业化的时代到来，旧工业厂区空间在社会化的进程与城市功能布局调整下，再生利用为多种模式，如城市公园、开放空间、创意园区、商业街区、博物馆、纪念园等。旧工业厂区最突出的景观特质是工业场地的景观氛围，工业厂区内遗留的各种元素，以及场地环境的美学特征等。再生利用时应对工业景观特征进行挖掘，并通过合适的技术美学手段加以彰显与强化，才能形成独特的景观风格和特色的城市景观环境。然而，当前很多厂区内部景观空间塑造模式相对单一，厂区内部的绿化形式和植物种类单一，导致厂区整体风貌具有明显的同质性，如图 3.18 所示。

(a)　　　　　　　　　　　　　　　　(b)

图 3.18　旧工业厂区绿化同质化

(a) 绿化种类同质化；(b) 树木种类同质化

（1）植被品种较少。旧工业厂区在建设时主要以生产发展为主，对工厂景观环境投资较少，仅通过单一的植物栽植满足绿化需求，例如选用泡桐树、黄榉树等树种组成树阵，搭配简易的灌木与草本，景观效果单调；且后期管理不善，植被缺乏必要的养护和修剪，导致景观不佳，如图 3.19 所示。

(a)　　　　　　　　　　　　　　　　　　(b)

图 3.19　被废弃的旧工业厂区绿化
(a) 废弃灌木丛；(b) 废弃乔木

　　(2) 景观空间功能单一。由于长期进行工业生产，旧工业厂区的景观环境不太被重视，仅仅作为简单的绿化来处理，往往会缺乏功能性，存在单调、缺少特色等问题。图 3.20 所示为北京青云航空仪器厂，厂区景观空间毫无吸引力。经过重构，使景观空间承载多种功能，如儿童娱乐、公共展览、艺术活动等，从而提高空间的使用韧性。如图 3.21 所示，北京天宁寺二热电厂内部景观空间经过重构后，加入多功能性设计，可以承载丰富的活动。

图 3.20　单一功能的旧工业厂区景观空间　　　图 3.21　功能复合的旧工业厂区景观空间

3.3.2.2　景观空间整体性较弱

　　在工业生产阶段，工业区一般都是相对封闭的，是城市中相对独立的区域，旧工业厂区内部景观空间与城市公共景观空间缺乏连通性。再生利用时，应根据厂区周围环境、区域功能定位以及自身生产现状特征，将工业生产的特色景观环境与周围区域生活环境相互融合，使旧工业厂区的景观空间与城市公共景观空间系统连接成整体。

　　此外，旧工业厂区中的工业要素多以碎片化的形式展现，彼此之间缺乏联系，不能完整表达厂区的意义，无法传达场地包含的全部历史信息，如图 3.22 所示。景观要素是构成景观空间的"点"，孤立的"点"的存在，是无法完整表达景观空间内涵的，只有将点连成线，点线结合成面，将景观要素有机地融入到场地、自然环境之中，构成相对完整的空间场所时，才能完整准确地将旧工业厂区的历史、文化、人文等内涵表达出来。

(a)   (b)

图 3.22　景观要素孤立

（a）孤立景观雕塑小品；（b）孤立景观园艺小品

3.3.2.3　景观空间人性化欠缺

旧工业厂区再生利用后，厂区内景观空间缺少人性化设计是普遍存在的问题。尺度不适宜的工业景观面前，人的互动交流是比较弱的，如何改变巨大的尺度给使用者带来的压迫感，是需要设计师深入思考的，如图 3.23 所示。另外，旧工业厂区景观空间再生利用最重要的目的是对工业历史遗存的保护及为周边居民提供公共开放的文化休闲空间，需要结合使用者的切身感受及需求，进行适宜的设施、功能的完善。

(a)   (b)

图 3.23　首钢园区工业景观

（a）大尺度生产设施；（b）小尺度景观小品

3.3.3　景观空间韧性重构策略

景观空间韧性重构策略包括以下几个方面：

（1）增强景观空间的多样化设计。对于旧工业厂区内的景观空间进行重构，需要进行多功能、多样化的设计。景观空间功能的多样性可以实现不同时间、不同人群对于同一景观空间的不同认识与融入方式。例如，中国数字电影产业园中的水景，不仅是一处水元素景观，而且在特定时间可以形成水幕，呈现让人引发强烈情感体验的水幕电影。同时，这处水景观还是园区的消防备用水源。上海当代艺术博物馆的地标性烟囱，不仅是一个景观，更是能够满足气温显示的功能气温计，如图3.24所示。景观空间的多样化设计符合大众艺术审美的基础，还能满足一定的功能需求。绿色重构可以通过增强景观类型的多样性、功能的多样性、服务的多样性，构建一个包容的景观形态，增强景观空间韧性的同时，服务于人们的多样性需求。

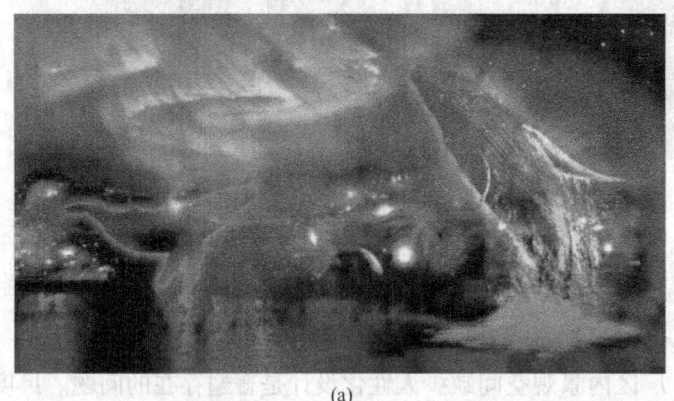

(a)   (b)

图 3.24 景观多样化设计
(a) 水幕电影；(b) 烟囱气温计

（2）增强景观空间的动态性设计。旧工业厂区景观空间的产生和发展经历了复杂的过程，使其具有不同历史时期、不同风格的景观要素，体现出多元的特质。然而，这些要素却相对孤立，多元要素的动态性设计是指将场地中的各构成要素进行合理的梳理，通过保留、修复、重构等手段将这些景观构成要素进行整合，使景观空间中各要素各尽其责，又互不干扰，最主要的是通过和谐化的共生，最终传达景观空间的场所精神。同时，厂区景观空间重构需要考虑城市整体环境和人文背景文化，与周围环境共同开发设计，使其最终能够和城市的整体空间环境相互协调，达到动态的和谐。

（3）增强景观空间的人性化设计。人性化设计的核心在于将文化元素融入现代生活，充分挖掘人群需求，引入情感要素，满足人们对于景观空间使用的精神要求。增强景观空间人性化设计主要通过以下方法进行，在具体的微观景观设计过程中，首先要满足不同人群的基本需求，尤其是老人、小孩等特殊人群，可通过增加无障碍设计提高景观空间的可达性；其次，通过化整为零、增加景观设施遮挡或层次感设计，弱化过大体量建（构）筑物或空间给使用者带来的压迫感；最后，重视情感设计，需要满足人们的审美、社交、情感需求，可在空间中加强工业主题景观设计，引起人们对工业时代的回忆，对过往生活的追思，唤醒人们内心深处的认同和共鸣，从而满足人们的精神体验。

（4）增强景观的防灾性设计。景观绿地作为重要的空气净化空间，被称为"天然之肺"。韧性理念指导下，厂区的景观绿地设计应与海绵城市相关理念结合，在满足厂区绿化、休憩功能的同时，对厂区内雨水进行下渗、滞留、暂存等设计。由于草坪绿地对于阳光遮挡效果较差，雨水蒸腾快且养护成本较高，可选择下沉式绿地植被沟来代替草坪作为厂区主要的绿地布置方式，下沉式绿地平时作为厂区景观空间的主要构成部分之一，在降雨量较大时可以分散地表径流并截留部分雨水。如图 3.25 所示,塞隆国际文化创意园内部景观采用下沉式绿地设计,雨水经过屋檐流入下沉式绿地空间,被吸收的雨水可以通过下沉式绿地进行一定净化,并在平时将存蓄的雨水缓慢释放以满足景观绿地用水。此外,下沉式植被沟道作为线性单元,可以充分发挥其传输雨水、滞蓄径流的功能,在暴雨发生时,可为地上雨水引导运输路径,大大提高景观空间的防灾韧性。

(a)　　　　　　　　　　　　　　　(b)

图 3.25　景观空间韧性防灾设计

(a) 下沉式植被沟道;(b) 下沉式绿地设计

3.4　文化空间韧性

3.4.1　文化空间的内涵

文化空间是物质和非物质文化要素的类型和形态表现的一种动态化空间,它不是单一的空间环境,也不是某种特定的文化形式或传统,而是一种载体,所代表的是具有文化特性和内涵的特殊空间,能够承载功能,体现其所要表达的文化、精神和当地特色的场所,兼具时间性和空间性。

(1) 物理性的文化空间。物理性的空间指的是由物质要素如自然环境、物质媒介等构成的空间范围,没有物质要素就没有物理空间的产生。物理性文化空间的形成正是由于这些物质要素自身具有文化属性,从而形成具有文化内涵的实体空间,如图 3.26 (a) 所

(a)　　　　　　　　　　　　　　　(b)

图 3.26　旧工业厂区的文化空间

(a) 炉渣运输轨道;(b) 墙上标语

示。例如不同的厂区由于生产产品与生产流线不同，形成了风格各异的工业区格局和肌理。物理性的文化空间根据空间形态可以分为"点状""线状""面状"三种，见表3.2。

表3.2　物理性文化空间的形态分类

空间形态	形态内涵	主要代表
"点"状物理文化空间	孤立存在，具有标志性	单体建筑、独立构筑物、独立小品等
"线"状物理文化空间	线性存在，具有延展性与渗透性	路径、水系、栈桥等
"面"状物理文化空间	具有明显界限和较大规模效应	肌理、广场、林地等

（2）精神性的文化空间。旧工业厂区在不断的演变过程中形成独特的历史内涵和气质，形成自身的工业特色与工业精神，代表着人们艰苦创新的奋斗精神，是旧工业厂区乃至整个工业时代所留给我们最宝贵的精神财富，包含了一代人的记忆。精神文化空间既可以是通过物质（即空间环境实体）体现出来的建筑理论、建筑美学、建筑价值及建筑哲学等，也可以是一个历史故事、一个标语一个口号，如图3.26（b）所示。

3.4.2　文化空间韧性问题分析

文化空间韧性问题分析包括以下几个方面：

（1）原有文化保护不够。目前很多旧工业厂区在进行改造规划时，对厂区原先所蕴含的丰富的历史文化价值、艺术欣赏价值、社会利用价值以及科学研究价值认识不足，导致旧工业厂区所蕴含的历史文化信息和工业文化价值被破坏，出现建筑风貌丢失、肌理格局被破坏、工业遗存随意丢弃等现象，如图3.27所示。

(a)　　　　　　　　　　　　　　(b)

图3.27　旧工业厂区的文化空间保护不足

(a) 立面元素保护不足；(b) 工业遗存保护不足

（2）潜在文化挖掘不足。旧工业厂区是城市发展过程中留下的阶段性产物，厂区功能发生改变后其空间会随着新的时代需求而不断的调整与重构。在此过程中，旧工业厂区随着时间的变化，文化也会堆叠，积累了大量不同的城市和经济发展的记忆，是形成不同旧工业厂区独特文化特色的基础。但设计者很少深入去挖掘这些潜在的文化内涵，使得旧工业厂区的同质化问题严重。

（3）新兴文化结合不紧。随着城市的发展和旧工业厂区的再生利用，厂区的社会结构从传统封闭的生产空间逐渐向开放的公共空间转型。然而，当前大多数旧工业厂区的文化产业形态却是比较单一的，经调研，全国有近一半的旧工业厂区改造为创意产业园。旧工业厂区不仅是周边居民生活的空间环境，还是文化遗产的空间载体，因此，厂区文化空间应结合新兴文化，融合创新的多元文化机制，呈现多元化特色。

3.4.3 文化空间韧性重构策略

旧工业厂区文化空间重构是在传承工业历史文明和情感记忆的基础上，增加新时代的要素，使其能够既有过去历史的缩影，又有新时代的内涵。如图 3.28 所示，首钢西十筒仓经过重构之后，筒仓被保留了下来，立面镂空的设计以及内部空间的重构又是文化创意的集中体现。

（a）　　　　　　　　　　　　　　　　　（b）

图 3.28　首钢西十筒仓
（a）首钢西十筒仓外部；（b）首钢西十筒仓内部

（1）充分发扬原有文化。文化空间是可以将旧工业厂区物质与非物质文化呈现出来的空间载体，蕴含着区域的特色和历史。将旧工业厂区的文化要素进行分析，选择适合的传承方式进行展现，使得文化空间不仅表现空间的功能特点、形态的艺术性用途，还能表达人们的内在需求和情感依托。一旦人们意识中的回忆、感情与空间中所展现出的文化内涵对应，就可以充分引起共鸣，激发出丰沛的情绪。

文化传承的方式和手法非常多样，例如肌理格局可以通过重塑场地环境、工业界面的表达、公共空间和叙事空间的建立等来表达其独有的文化价值；可通过保留建（构）筑物、设施或结构的一部分，例如牛腿柱、房屋吊顶、起重机和其他组件，让人们引发联想，勾起回忆，直观感受工业文化的脉络；或者通过复原生产场景和工艺流程来进行文化展示，使其具有强烈的历史感、真实感与感染力等，如图 3.29 所示。

（2）挖掘厂区潜在文化。旧工业厂区文化是随着时间的流动而日渐丰富的，即在一个时间跨度大的复杂程序中产生，原生产时期产生的历史文化；改造产业升级后产生现代文化，改造后根据市场的调节与人为的活动而产生的则为发展文化，是各种因素在发展中

(a)　　　　　　　　　　　　　　　　(b)

图 3.29　旧工业厂区文化空间

（a）首钢厂区空间对景设计；（b）工业场景的复原

相互融合、共同碰撞的结果，也是人们的精神感受、认知逐渐一致的过程。文化空间韧性重构需充分挖掘厂区各种类型的文化内涵，如工业文化、时代文化、人文文化等，从主体和客体两方面将文化体系进行建构，结合使用主体的行为特征和活动规律，整合出不同功能的文化空间区域，既满足人群的差异化需求，也将整个旧工业厂区的文化进行渗透性展示；并由此为文化源点，策划一系列主题活动，如工业旅游、文化体验等，增强原有厂区空间中的历史认同与回忆。如图 3.30 和图 3.31 所示，首钢园区利用其原有的大空间、大体量的构筑物，重构为滑雪跳台；平遥柴油机厂利用原有空间，挖掘其建筑文化特点，重构为电影剧场。

图 3.30　首钢园区冬奥会滑雪跳台　　　　图 3.31　平遥柴油机厂剧场

（3）引入社会新兴文化。随着人类生活品质的提高，人们对于文化的需求越来越多样，电竞文化、网络文化等逐渐成为人们的关注热点。在文化空间韧性重构中，既要考虑原有的可持续发展，也要考虑与新兴文化之间的融合。合理引入适宜未来发展的文化因子，完善文脉的延续，使厂区文化空间特色得到彰显，从而实现"厂区记忆"的保留，做好文化的传承工作，新兴文化的置入可以满足不同人群的使用需求，文化多元化也为工业文化的传播增加多重途径。如图 3.32 和图 3.33 所示，北京更新场利用其原有的工业机器轨道，引入化妆品商业文化，重构为新型商业空间；北京 24H 齿轮厂引入电竞文化，重构为游戏直播剧场。

图 3.32 北京更新场工业结构与商业文化结合

图 3.33 北京 24H 齿轮厂引入电竞文化

3.5 材料空间韧性

3.5.1 材料空间的内涵

材料是塑造空间的物质要素，材料可以建构空间，影响空间划分的强度；材料也可以升华空间，影响空间品质的塑造。本书所说的材料空间是指利用材料的依附物构成的空间场所，既能够呈现出真实的历史信息，也能够体现时代技术的发展，同时也能很好地展示旧工业厂区的风格风貌。

（1）材料空间是历史的呈现。工业建筑物（构筑物）的建造年代，以及特殊的文化价值等都可以从建筑材料表现出来。建筑历史越悠久，历史沿革越丰富，材料价值越大，在适当的修缮后非常具有特色，具有古老的韵味。

（2）材料空间是技术的体现。建筑材料作为建筑物（构筑物）的重要支撑物，其重要性不言而喻。旧工业建筑中丰富的材料形式，无论是对传统材料的修复，或是新型材料的引入，都可以体现社会的进步与技术的发展。

（3）材料空间是风貌的展现。在强调设计的独特性与创造性的当下，具有特殊风貌的旧建筑及具有特色的建筑材料越发受到设计师及大众的青睐，同时也是避免同质化的有效手段。对于旧工业厂区重构而言，突出特色、挖掘建筑及其材料本身的亮点是方案成功的关键因素之一。如图 3.34 所示，上海十七棉纺织厂在厂区再生利用后，厂区建筑外部使用金属材料进行重构，材料与原有厂区风貌协调，再现厂区风貌，展现历史感的同时激活厂区活力。

3.5.2 材料空间韧性问题分析

在旧工业厂区材料的再利用中，首先要面对的是材料老化的问题。材料老化的原因主要有两点，一是随着时间的推移，材料本身自然产生的物质性老化现象；二是由于社会发展，旧工业厂区的功能也在进行更新，厂区既有材料在一定程度不能满足时代需求，造成的功能性老化。

3.5.2.1 物质性老化

物质性老化主要是指随着时间的推移，建筑材料受到环境如太阳辐射、空气、风霜、

(a)   (b)

图 3.34　上海十七棉纺织厂重构材料空间风貌展示
(a) 立面采用金属穿孔铝板；(b) 立面采用方通钢管

雨雪等的影响被逐渐破坏，材料表面出现破损。使用时间的长短、使用者对其维护程度的不同、是否修缮保护过等因素均影响着既有材料的物质性老化，如图 3.35 所示，随着时间的流逝，材料受到自然风霜雨雪等气候的侵蚀，发生了不同程度的物质性老化。

(a)   (b)

图 3.35　871 厂区材料的物质性老化
(a) 风化的立面；(b) 风化的结构

3.5.2.2　功能性老化

随着城市更新及经济、文化的发展，人们的思想观念和生活方式也逐步开始发生变化。在此背景下，许多旧工业厂区中的既有材料就无法满足现代人们的工作和生活的需求，也无法满足旧工业厂区重构后的使用要求，导致功能性的老化。造成既有材料发生功能性老化的几个主要因素有：

（1）功能转变。功能转变是建筑材料功能性老化的最主要原因，旧工业厂区的重构就是对厂区空间、建筑功能和使用材料进行调整和重组。由于原厂区的既有材料种类比较有限，当厂区重构为办公、商业、居住、展览等功能后，材料的可利用性可能不够，会对其整体或部分进行替换更新，以满足新功能的环境与需求。

（2）技术需求。从技术手段上来说，部分既有材料可能由于厂区建造时技术水平的落后，已经无法满足当代人们的需求，无法达到现代技术指标。而新材料及技术的使用使得重构后的厂区在安全性、可持续发展等方面有了更多的突破。

（3）审美需求。旧工业厂区建筑历史、文化以及审美都会通过既有材料的形式表现出来。随着时间的流逝，有一些材料越发展现出鲜明的特点与形象，而也有一些则不太符合现代审美，逐渐被当代建筑审美取向的建筑材料、形式所取代。

3.5.3 材料空间韧性重构策略

根据既有材料及旧工业建筑的现存状态、自身价值，以及重构后功能需求的不同，材料的韧性重构手法也不尽相同。

3.5.3.1 原处修复

原处修复是指最大限度地保存旧工业建筑材料原存部分，尽量避免拆换和随意添加，只对旧建筑建成部分进行最小程度的修改。

（1）修旧如旧。修旧如旧强调的是任何修复行为必须以最大程度保存历史信息、历史氛围的原真性为目的，保持旧工业建筑独特的历史沧桑感。"旧"带来的不仅仅是对于历史的尊重，更多的是表达了文化上的认同、情感上的延续等。因此，修旧如旧对于建筑历史感及工业生产场景感的再现是十分有效的，如图 3.36 所示，新的石材模拟古老的岩石，新的混凝土痕迹保留等就是为了呈现修旧如旧的效果。

(a) (b) (c)

图 3.36 既有材料的修旧如旧

(a) 石材模拟古老岩石；(b) 石材做旧处理；(c) 混凝土痕迹保留

（2）修旧如新。修旧如新所谓的"新"主要是指用新的材料来替换原有的构件和材料，并对建筑物（构筑物）进行重构，使其满足新功能和新需求。如图 3.37 所示，位于济南的成丰面粉厂修缮项目，项目将原有面粉厂建筑立面进行更换，用现代的材料玻璃、钢筋等进行表面重构，使老旧的面粉厂厂区展现出现代的面貌。

同时修旧如新也常运用在一些建筑特色较弱的旧建筑上，以新的方式重新谱写美学价值及物质功能。例如北京龙徽葡萄酒厂，它保留了原苏联建筑以批判结构主义为名，重拾复古工业风潮。将破败且无法修复的部分建筑墙体拆除，翻修一新，使得旧建筑在环境、功能和外观上呈现出前所未有的全新面貌。结构上部分破旧之处也进行了加固措施。外立面再生利用去除原有结构，改为现代钢结构和玻璃幕墙与原木色门结合，展现出工业结构中古朴素雅的气质，如图 3.38 所示。

需要注意的是，"修旧如新"的做法如果处理不好，对历史信息的损失是显而易见

 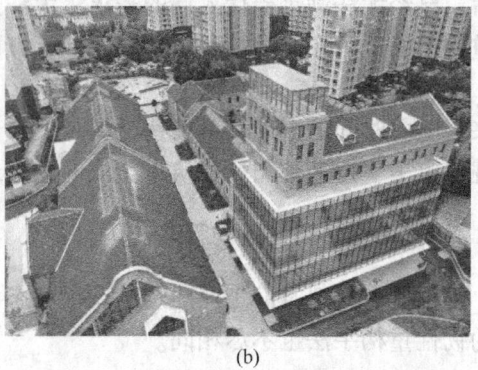

(a)　　　　　　　　　　　　(b)

图 3.37　济南成丰面粉厂改造前后对比
(a) 改造前；(b) 改造后

(a)　　　　　　　　(b)　　　　　　　　(c)

图 3.38　既有材料的修旧如新
(a) 建筑入口采用新型板材；(b) 转角玻璃；(c) 木材与玻璃幕墙

的，会较大程度影响使用者对历史沧桑感的体验。

3.5.3.2　原貌易位

原貌易位指的是在重构过程中，将既有材料移植以用于别处的方式。多种不同年代、不同风格在材料通过这种移植利用的方法在他处得以重生，在一定程度上体现了材料的实用性，不仅展现了历史形成的美感与风格，同时又满足了现实功能需求，使历史信息在新处得以重新谱写。同时，"原貌易位"的方式摒弃了固化思想，深度挖掘了不同的既有材料在建造上的各种可能性，将其与新的材料、构造方式相结合，营造出各具特色的全新的表皮肌理与空间效果。既有材料得以重生，废旧材料资源达到循环使用，同时也节约了经济成本。

中国美术学院新校区的建筑群就是由不同时期不同地域旧建筑的废旧瓦重新组合建造的，在象山校区内，瓦随处可见，作为屋顶、屋檐、墙面等，与新材料一起在新的建筑上混合建造，使拥有历史信息的旧材料重新焕发活力。除瓦片外，在许多旧建筑改造案例中都能看到废旧的材料，被用于装饰设计、铺地设计等。既有材料的移植利用，为建筑注入了历史感情与特有人文情怀，也使得历史因材料的重生而得以延续，如图 3.39 所示。

3.5.3.3　新旧并置

建筑是时代的产物，对于旧工业建筑及其材料的再利用，应当注重时代性。需要重视

 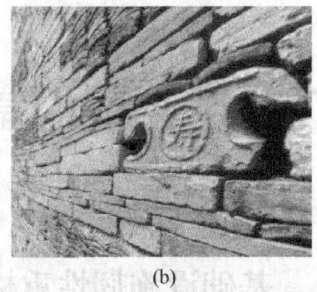 
(a)   (b)   (c)

图 3.39　既有材料的挪用别处
（a）废旧的青砖、旧瓦等；（b）镌有"寿"字的古砖；（c）铺地设计中的旧砖

建筑原有的历史感与场所精神，从材料的色彩、质感、主题等方面进行思考并选择合适的新材料，使新旧材料相互映衬。若新旧材料的颜色与质地对比强烈，可以呈现出现代与传统风格的碰撞；若新旧材料的色泽与质感相近，则可表现出新旧材料的相互契合。因为厂区功能的改变，单纯地从建筑材料的保留和修复上进行再利用并不能使得旧材料物尽其用，应当将旧工业建筑的相关构件、工业设施等都纳入考虑范畴并加以运用，从而达到新旧并置、新旧交融的境界。

西安老钢厂创意产业园就是通过对老建筑的重修和新建筑的融入，使该项目的场地环境及社会功能更加完善，如图 3.40 所示。场地内的建筑建造于 1958 年，如今摇身一变成为当代艺术、建筑空间、文化产业、历史文化及城市生活有机融合的综合区域，集创意办公、创意集市、信息交流、产业研发等为一体。园区入口处采用旧材料与传统形式，营造材料的历史文化感，内部商业采用玻璃幕与纯色粉刷，展示现代建筑的时代特征。通过新旧并置的设计手法，激活厂区的活力。

 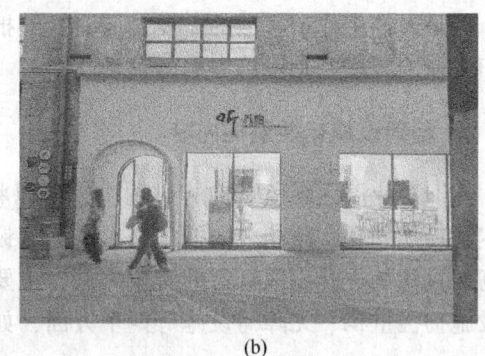
(a)   (b)

图 3.40　西安老钢厂创意产业园
（a）老钢厂创意产业园入口；（b）产业园内部商业

4 旧工业厂区绿色重构基础设施韧性分析

4.1 基础设施韧性重构基础

4.1.1 基础设施韧性重构内涵

基础设施是指为社会生产和居民生活提供公共服务的物质工程设施，是用于保证国家或地区社会经济活动正常进行的公共服务系统，它是社会赖以生存发展的一般物质条件。在现代社会中，经济越发展，对基础设施的要求越高，完善的基础设施对加速社会经济活动，促进其空间分布形态演变起着巨大的推动作用。建立完善的基础设施往往需较长时间和巨额投资，对于新建、扩建项目，特别是远离城市的重大项目和基地建设，更需优先发展基础设施，以便项目建成后尽快发挥效益。

旧工业厂区基础设施是指包括交通、供水、排水、供热、燃气、供电、消防、无障碍等市政公用工程设施和公共生活服务设施等。它是人们工作和生活的共同的物质基础，是厂区主体设施正常运行的保证，既是物质生产的重要条件，也是劳动力再生产的重要条件。但现在很多旧工业厂区的基础设施建设不完善，甚至部分基础设施由于建造年代久远已经废弃。旧工业厂区基础设施韧性重构就是对旧工业厂区内原有基础设施进行维修和修缮，或对部分无法继续使用的设备设施进行翻新和重构的工程，使其能够适应使用的要求，满足人们工作和生活的需要，同时能够抵御不可抗力因素带来的危害和影响，以此提升旧工业厂区在基础设施方面的韧性。

4.1.2 基础设施韧性重构内容

在旧工业厂区绿色重构的过程中，可以将"韧性"嵌入厂区长期规划的过程中，即制定长期规划和实施相应的措施来提高厂区韧性水平，实现厂区可持续发展目标。基础设施韧性重构是提高厂区韧性的首要之选，主要包括交通韧性重构、管网设施韧性重构、消防设施韧性重构、无障碍设施等四个方面，如图4.1所示。

4.1.3 基础设施韧性重构意义

基础设施是旧工业厂区正常运行和健康发展的物质基础，对于改善人居环境、增强厂区综合承载能力、提高厂区运行效率具有重要作用。当前，很多厂区基础设施存在总量不足、标准不高、运行管理粗放等问题。加强基础设施韧性重构，有利于推动厂区经济结构的调整和发展方式的转变，增加基础设施准备和适应不断变化的条件，承受突发事件所造成的破坏并快速恢复的能力，包括对灾害破坏的承受能力和从人为或自然灾害中快速恢复的能力。

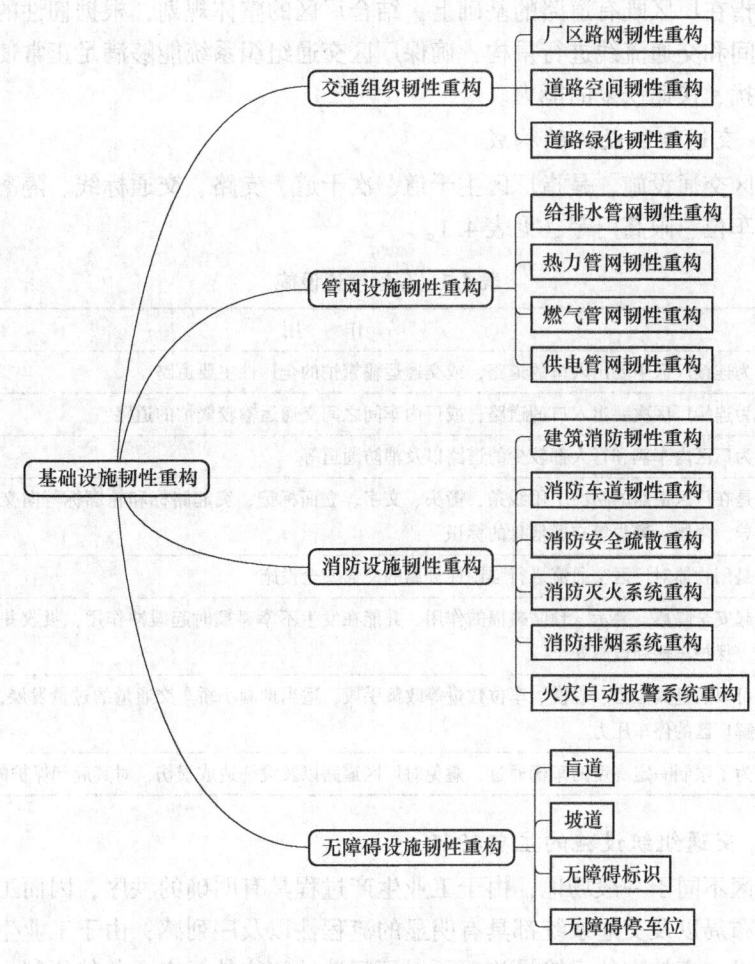

图 4.1　基础设施韧性重构内容

4.2　交通组织韧性

4.2.1　交通组织韧性的内涵

4.2.1.1　交通组织韧性基本概念

（1）交通组织。交通组织是指将不同特征的交通流分别安排到与之相适应的不同功能的道路上，交通组织系统是厂区发展的骨架和流动空间，对工作效率起着至关重要的作用。其基本内容是：为保障交通安全与畅通，将道路上各种交通组成从时间和空间上进行分离，使整个道路交通系统达到交通流量均匀分布、平均车速较高、交通容量最大的目的。

（2）交通组织韧性。交通组织韧性是指交通组织系统在干扰事件发生的前、中、后期能够有效应变，富有弹性和较强的适应能力、抗冲击能力，并在干扰下保持原有功能，在应对各种干扰的过程中与干扰共同进化，最终自我调整恢复的能力。旧工业厂区交通组织韧性重构是指在厂区既有道路的基础上，结合厂区的整体规划，根据韧性的特性对厂区内部的道路空间和交通流线进行重构，确保厂区交通组织系统能够满足正常使用要求，具有应对外界干扰、快速恢复的能力。

4.2.1.2 交通组织设施的构成

旧工业厂区交通设施，是指厂区主干道、次干道、支路、交通标线、隔离设施、路面缓冲设施、停车位、限高门等，见表4.1。

表4.1 厂区交通设施

名称	作用
主干道	为连接厂区主要出入口的道路，或交通运输繁忙的全厂性主要道路
次干道	为连接厂区次要出入口的道路，或厂内车间之间交通运输较繁忙的道路
支路	为厂区内车辆和行人都较少的道路以及消防通道等
交通标线	是在厂区道路的路面上用线条、箭头、文字、立面标记、突起路标和轮廓标等向交通参与者传递引导、限制、警告等交通信息的标识
隔离设施	是用物体对厂区交通流进行强制性分离的交通安全设施
路面缓冲设施	起安全隔离、警示、预防碰撞的作用，并能在发生不幸碰撞时起缓冲作用，吸收并降低撞击冲击力，保护车辆和设施安全
停车位	可以通过其位置、规模、车位数量等政策手段，适当抑制小轿车交通量的过量发展，使之合理化，缓解厂区的停车压力
限高门	为了限制一定高度的车辆通过，避免对厂区道路以及设施造成损伤，对其起到保护的作用

4.2.1.3 交通组织设施的主要特征

旧工业厂区不同于一般场地，由于工业生产过程具有明确的秩序，因而工业厂区的空间格局、建筑布局以及交通系统都具有明显的流程性以及序列感；由于工业生产和输送环节，需要大流量、高效率的运输设施，所以厂区选址往往外部交通条件便利，可达性强且附近往往有轨道、水路运输，厂区内部交通也是通达顺畅且具有复杂性，链接了厂区的物流和人流，包括在工业生产过程中的各种交通运输流线、水力电力等能源输送流线以及不同功能区之间的交通人流。

4.2.1.4 交通组织韧性重构的原则

构建旧工业厂区韧性交通系统应遵循多样性、模块化、需求侧管理、智慧化的原则，见表4.2，从而提高应对各种干扰的能力。

表4.2 交通组织韧性重构的原则

原则	内容
多样性	多样化的交通可以改善出行的可选择性，使厂区交通的弹性增加。交通组织韧性应该追求生态、社会、经济三种效益的统一，不同的交通工具占有的空间量差异显著。可从厂区道路多样性与交通工具多样性两方面考察交通组织多样性，厂区道路的多样性可以提高交通组织的韧性
模块化	厂区是由基本的交通和居住模块组合而成，模块之间相互交织，形成了微尺度、中等尺度、大尺度、巨大尺度的交通组织系统。贯彻多模块功能复合原则，强调紧凑型、集约式的空间布局，提高土地的利用效率，增强交通韧性。构建"产业组团+生活组团"融合发展的组团空间结构，避免大规模、长距离通勤出行，降低碳排放水平

原则	内　　容
需求侧管理	紧凑的旧工业厂区最短缺的就是空间资源，供给侧的韧性不足就需要需求侧的韧性来弥补。交通的需求侧管理是构建韧性交通组织的重要途径，交通组织韧性设置在管理的"细节"之中
智慧化	智慧化交通是指能够保证交通的数据实时传输，能实时地让每一个出行者主动响应，即可构成反应的环节，形成自组织的交通状态。这种自组织的交通状态是通过智慧化、信息化来解决交通问题的良方

4.2.1.5　交通组织韧性重构的重要性

提高旧工业厂区交通组织韧性，让交通系统富有弹性和较强的抗冲击能力，可有效解决交通现状问题，同时适应功能重构后交通需求转变及长期各种干扰的变化。首先，旧工业厂区原有交通路网多存在断头路多、与城市交通道路衔接不足、道路分级不明显等缺点，道路在长期使用过程中也存在缺乏维护、环境污染、安全性下降等问题，重构过程中通过合理清晰的流线和安全稳定的基础设施解决现状问题，提升基础韧性；其次，随着旧工业厂区的更新改造和新功能的赋予，厂区内资源重组以及新的产业要素的置入，对交通空间提出了更高质量的需求，交通空间通过优化其形态构造及满足人文需求，以多样化功能的交通空间保证整体系统弹性和适应性；最后，交通组织系统韧性的提高是在应对各种干扰的过程中与干扰共同进化，构建厂区系统中交通、社会及生态网络，以综合效益促进整体空间的韧性重构。

4.2.2　既有交通组织设施问题分析

既有交通组织设施问题分析包括以下几个方面：

（1）道路系统的结构不合理。早期，为满足生产运输需求，旧工业厂区多是人车混行的交通组织模式，厂区员工多数骑自行车或步行上班，因此大部分厂区未明确区分人行与车行流线，也缺少大型集中停车场。许多厂区占地面积较大，且形成封闭区域，城市交通衔接的道路仅为主干道一条，道路等级不明确，且形成大量断头路，如图 4.2 所示，导致厂区交通不畅，在有灾害发生时更难以形成应急通道。

图 4.2　断头路

（2）厂区路面损坏。在长期行车荷载的反复作用下，道路的整体性材料逐渐失去承载能力，产生结构性损坏，导致路面出现龟裂或严重变形。在气候因素的影响下，如夏季高温、冬季低温以及风吹日晒等使路面产生功能性损坏，其主要表现形式有坑槽、沉陷等，如图4.3和图4.4所示，严重影响道路的使用性能和使用寿命。

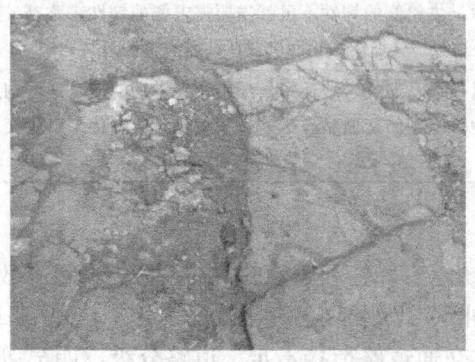 

图4.3　沉陷　　　　　　　　　　　　　　　图4.4　坑槽

（3）设施老旧落后。随着厂区现代化的不断加强，发展速度也非常快，部分交通设施的设置并未及时更新，造成交通设施指引作用无法实现，一些厂区不设置指示牌，部分厂区设置不合理且分布不均，给厂区的交通造成了不小的影响。如图4.5所示，厂区指示牌设置在墙中心，小而不显眼，容易使人误解。如图4.6所示，厂区路灯损坏，严重影响厂区夜间通行。

图4.5　厂区指示牌不合理　　　　　　　　图4.6　厂区路灯损坏

（4）流线组织缺乏合理性和适宜性。厂区的流线组织直接影响着空间体验，流线组织不完善、不清晰、衔接不畅、缺乏特色性和可识别性是现有很多厂区出现的问题。通过调研，可总结问题如下：1）流线组织通达性不足，交通导向性不明显，缺乏应急、疏散指示标志；2）没有结合空间布局进行流线组织，缺乏连贯性；3）没有充分利用厂区独特的交通要素资源，在实现立体化多元化的交通空间组织上有所不足；4）流线分类设计缺乏细致性，流线单一，无法满足不同使用需求；5）流线之间的关系不清晰。

（5）功能安排不能充分适应需求改变。随着经济和社会发展，人们的物质和精神文化生活需求日益提高，厂区重构后承载的活动不再简单停留在工业参观，而是对功能提升、休闲娱乐、文化保护和特色营造等方面提出新的期待和要求。交通空间作为厂区重构规划的重要组成部分，需要承担产业、文化、旅游、教育、生态等多元复合的功能。而现有的很多厂区交通空间仍主要着力于交通组织的顺畅与系统的完善，忽视功能的多样性、景观的丰富性、主题的连贯性，缺乏参与度等。

（6）人性化设计不足。由于厂区内原本的交通系统多用来满足生产服务需求，因此交通空间一般尺度相对较大，形式比较单一。厂区改造后，功能转变为文化展览、观光旅游和商业办公等，与之对应的交通空间需要成为可供人进行多种活动的人性化空间，强调为以慢行系统为主的体验。但很多规划实践中，往往对人性化尺度、人车分流、微环境景观以及无障碍设计等精细化设计关注不足，造成环境亲和力降低，影响体验质量。

（7）缺乏管理。在厂区中由于早期没有完整的停车规划，车辆到处乱停乱放，道路被占现象非常普遍，导致交通不便；加上后期管理的力度也不够，更有一些临时性的违章搭建建筑，直接侵占了道路空间。

4.2.3 交通组织韧性重构策略

韧性交通应富有弹性，在干扰事件发生的前、中、后期能够灵活使用或迅速应变并复原，具备较强的抗冲击能力，满足适用性、易达性、多样性、互通性、生态性、导向性等特点。综合而多样的交通空间有利于厂区高效、快速的运转及防灾的需要。

（1）路网韧性重构策略。路网是指厂区各种道路在其总体平面上的布局，道路系统包含各种不同功能的道路，可分为主、次、支等交通性和生活性道路，尽可能实现交通空间各行其道，各司其职，有效缓解快慢交通冲突，提高交通的连通性、稳健性和冗余度。密集多样的路网系统有利于提高厂区交通可达性，支撑厂区道路多样性，在灾害发生时，也可以快速实现空间上连接通畅以及应急疏散通道的多路径性，提高救援资源运转的效率。

在旧工业厂区，打通断头路，强化微循环系统，优化路网结构，进行合理的分层，形成"小空间、密路网"的格局，在疏散路径上设置醒目标志来引导群众安全疏散，以便人们顺利到达安全区域，如图4.7和图4.8所示。以德国多特蒙德的凤凰钢铁厂的运输系统为例，不断改善分支网络微循环系统，在原有的路网结构上不断进行规划，合理的增加二级道路系统，有效地改变了原始交通系统混乱的问题。

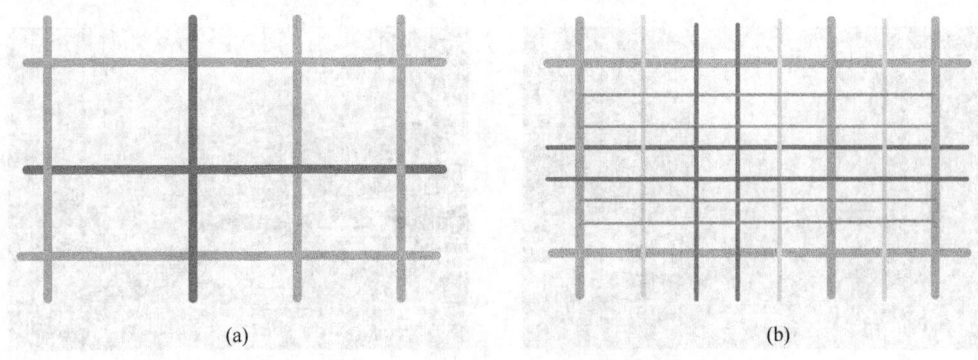

(a)　　　　　　　　　　　　(b)

图4.7　"小空间、密路网"的格局
(a) 规划前；(b) 规划后

（2）衔接厂区与城市交通。早期厂区的道路往往是根据职工的上下班路线来设计的，

 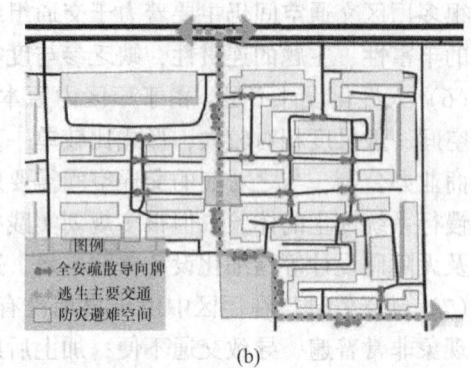

（a）   （b）

图 4.8 增强空间的导向性

（a）设置醒目的疏散路径；（b）设置安全疏散导向牌

伴随着城市产业更新，老厂区的交通系统改造要与周边的交通体系进行有效衔接，既可以增加便利性和可达性，同时与城市系统有效连接，可以提高厂区的防灾疏散效率。

可增加厂区附近公共交通设施，根据交通流的需要及地形、地物的情况，道路上应设置人行跨路桥（包括地下人行横道）、栅栏、照明设施、视线诱导标志、紧急联络设施及其他类似设施等。保障行车安全，减轻潜在事故程度；同时打造出厂区入口空间，将旧工业厂区道路与城市交通体系相联系。

（3）构建人性化慢行系统。合理的慢行交通体系能够使厂区内各要素彼此相互连通，提高空间交流沟通能力。将交通空间布局疏密结合，增加灵活性和生态化、人性化设计，在面对不利情况时能够更好地调节；结合地方文化和环境特色，提高厂区文化韧性，在恢复时也更容易建立认同感。

（4）停车空间重构策略。优化厂内道路交叉口内缘转弯半径，结合厂区内建设条件，对存量资源进行整合利用，增加停车位的设置。例如在道路边、边角地、空地等闲置或利用率较低的地方进行停车位的建设，也可设置立体停车场，如图 4.9 和图 4.10 所示。

图 4.9 临时停车场   图 4.10 立体停车场

（5）交通标志韧性改造策略。在厂内设置车辆限速标志，在路口会车视距不足处，增设凸面反射镜，如图 4.11 所示，保证厂内行车安全；在主干道与次干道交叉口设置停车让行标志；设置路名、指路标志牌以及应急标识，如图 4.12 所示。使道路导向性清晰，能够为处于灾害慌乱之中的人们提供明确的路径。

图 4.11　凸面反射镜

图 4.12　指路标志牌

（6）道路绿化重构策略。在满足遮阴、生态的基础上，对于不同等级的道路可设置不同的植物组合，使树形、姿态、色彩、风格随路径而异，人们走在不同的道路上可感受丰富的空间变化。种植树木需有一定的层次感，可用乔木与灌木交替种植，紧挨建筑物的则选择与建筑高度相适应的灌木及花草进行混合种植；并对其进行修剪，呈现出各种造型，提供舒适、优美的道路环境。需要注意的是，当道路较窄时，不宜选择树冠较大的树木，避免树冠把路面完全覆盖而影响汽车运输灰尘的扩散，使道路环境反而污染严重。此外，为了保证汽车或机车行驶时有足够的安全距离，在道路交叉口转弯处，在视距的范围内不得栽种高于 1.0m 的树木，一般种植常绿灌木或者植草皮。

4.3　管网设施韧性

4.3.1　管网设施韧性基本内涵

4.3.1.1　基本概念

管网设施是指构成厂区管状网络的各种管线，是整个厂区内的给水、排水、燃气、热力等各种管道和配电等各种电缆线的总称。旧工业厂区管网结构复杂，规模庞大，担负着物质能量的传输功能。

管网设施韧性是指旧工业厂区管网设施系统在受到外界干扰事件时，预测、吸收、适应干扰事件或快速恢复的能力，包括管网系统减小干扰的影响程度和持续时间。

4.3.1.2　管网设施分类

管网设施可分为给水、排水、燃气、热力等，见表 4.3。

表 4.3　管网设施分类

名称	内　　容	组　　成
给水管网	给水工程中向用户输水和配水的管网系统	管道、配件和附属设施（调节构筑物，如水池、水塔或水柱和给水泵站）等
排水管网	污（雨）水的收集设施	废水收集设施、排水管网、排水调蓄池、提升泵站、废水输水管、排放口等

名称	内　　容	组　　成
热力管网	热源通往建筑物热力入口的供热管道，多个供热管道形成管网	补偿器、支吊架、阀门等
燃气管网	自门站至用户的全部设施构成的系统	门站（气源厂压缩机站）、储气设施、调压装置、输配管道、计量装置、管理设施、监控系统等
电力管网	为满足变电站电缆进出线通道和架空线入地的要求，并为沿线地块供电配套提供电力的通道	变压器、高压柜、低压柜、母线桥、直流屏、模拟屏、高压电缆等

4.3.1.3　重构原则

A　协调性原则

组织好各种管线，力求管线间及管线与建（构）筑物之间在平面和竖向上的相互协调。应考虑安全生产、施工和检修方便，并且节约用地等要求；应避免影响露天堆场及建（构）筑物的发展，适当考虑预留管线自身改、扩建的余地。全面考虑各种管线的性质、用途、相互联系及彼此间可能产生的影响；合理选择管线走向，尽量使管线短捷、均匀、适当集中。

B　互让性原则

厂区建筑复杂交错，在管道设计方面总会发生冲突和碰撞，很多时候需要对管线的走向、坡度以及高程进行重新设计和调整。因此，要及时了解地下管道的设计情况，使管网的设计能够一步到位，更为科学合理，达到施工的要求。在旧工业厂区设备管网韧性重构的综合布置中，当各种管线的位置发生矛盾时，在满足生产、安全条件下，应按以下九让的原则处理：（1）新设计的让已有的；（2）压力管让自流管；（3）管径小的让管径大的；（4）可弯曲的让不可弯曲的；（5）临时的让永久的；（6）一般的让特殊的；（7）工程量小的让工程量大的；（8）发生故障后影响小的让影响大的；（9）施工、检修方便的让不方便的。

C　因地制宜原则

为了满足厂区的发展需求，管网设计一般都是全部埋在地下。因为其线路非常长，工程的水文地质条件往往变化非常大，所以在管网的设计过程中一定要根据不同的环境，有针对性地进行，这样才能保证管网设计的质量。

4.3.1.4　重构意义

（1）使泄漏风险的发现由被动变主动。在老旧管网管理过程中，为了使管网本身更加安全，要求对管网的完整程度、泄漏检测、闸井检测等运行要求进行技术分析，使管网的安全管理从泄漏之后进行补漏的被动发现，可以提高管网危险的排查率，发现潜在危险。

（2）使计量更加精准。在管网计量收费工作中，原有的计量系统并不能对厂区的管网计量工作起到完善作用，因此对厂区计量系统进行韧性重构可以改变计量方式，提高计量准度。

（3）可节约成本，提高经济效益。由于厂房中各种生产设备的多样化，使得各种管线交互纵横，极为复杂。这些管线不但材质和大小存在不同，而且这些管线还往往伴随着一些较为复杂的附件，因此，科学合理地对管道进行综合重构，不但能够使工程施工得到简化，使得工程成本降低，也使得管线安全隐患大大降低。

通过收集整理数据，组织建立多方位的考核体系。整合分析采集来的数据，并进行计算，发现工作中存在的问题并进行改进。通过管网韧性重构进行弥补、改进，降低管网的能耗和损耗，提高管网的运行经济效益。

4.3.2 既有管网设施问题分析

4.3.2.1 既有管网设施存在问题

（1）管网老化，管材低劣。由于早期铺设使用管材质量参差不齐、施工技术比较落后，造成管网严重老化，管网配件质量差，接口技术落后，导致管网抗压强度低，爆漏事故频繁发生。灰口铸铁管占比较大，大多数灰口铸铁管质量不符合现行国家标准的要求。此外，普通水泥管和镀锌铁管也占有相当比例，材质差、抗冲击和抗腐蚀能力差。厂区多数管网运行时间已接近或达到寿命终点，处于事故多发期，如图4.13和图4.14所示。

 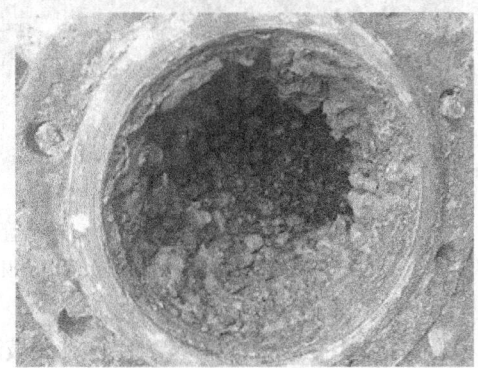

图4.13 给水管网老化　　　　　　　　图4.14 排水管网老化

（2）管网结构不合理。管网结构对厂区的技术经济性具有决定性的作用，结构不合理将直接导致整个管网网损增加。分析认为，形成管网结构不合理的主要原因是由于原来的规划设计不合理使管网结构发生了变化。

（3）管网破损。由于地基不均匀沉降和其他情形对管道基础的影响，造成管道及其接头破损严重，如图4.15所示。

4.3.2.2 既有管网设施问题成因

（1）设计不合理。管网设计规划不够细致，统筹不全面，主要是无法在第一时间掌握现场资料，不能准确地了解地形地势及厂区原址现状，在管道施工中就会出现各种不符合设计要求，如管道倒坡现象、管道直角转弯、大管接小管等问题。所以在重构初期必须对现场进行详细勘察摸排，掌握各系统的分布规律及系统分布变化的信息反馈，严格按照设计规范设计，这样才能大大提高管网的效率。

（2）施工原因。有些管道施工不按照标准进行，如为方便施工，管道的交叉未经设计同意，私自更改，造成水力条件无法达到最佳。施工过程中未严格安装设计标准测量放

图 4.15　管网破损示意图

（a）给水管网破损；（b）排水管网破损；（c）热力管网破损；（d）燃气管网破损

线，管道标高不符合设计要求，会造成倒坡现象。还有管道下方地基未夯实，形成不均匀沉降，也会导致管道下沉，造成倒坡甚至管道脱节等严重问题。在施工过程中泥浆水未处理或处理不达标就排入管道系统，致使施工中的泥沙、水泥浆等在管道中淤积，由于水泥浆的固结作用，淤积后清除困难，管道逐步堵塞。

（3）外界破坏。外界破坏主要体现在异管穿入和树根侵入，尤其是供水管道、电信电缆管道、电力管道等，这些管道违法施工，从排水管道中穿插，会导致排水管网有效过水面积减少。同时在管道上挂住很多垃圾，导致排水不畅。最重要的是涉及电的管道从排水管道穿插存在极大的安全隐患，如图 4.16 所示。

（4）缺乏检修。管网设施应按照规定定期进行检测与维修，管网设施常常因为一些外界干扰或因长时间使用出现或多或少的故障，不定期进行维护保养等现象也层出不穷，致使管网设施出现故障后不能第一时间修复致使厂区管网运行效率低下，浪费严重。

4.3.3　管网设施韧性重构策略

4.3.3.1　管网韧性重构方法

厂区的给水、排水、燃气、热力等各种管道和配电等各种电缆线在厂区中占据着较大的比重，管网设施韧性重构策略压降从以下三个方面展开。

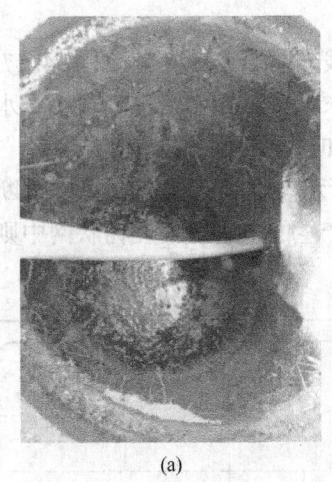 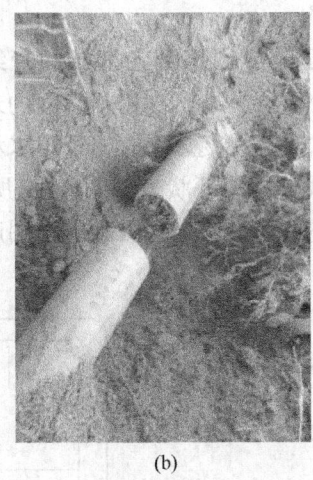 

(a)　　　　　　　　　　(b)　　　　　　　　　　(c)

图 4.16　外界破坏示意图

(a) 异管穿入；(b) 树根侵入；(c) 管道堵塞

(1) 做好管网探测。从厂区管网建设的实际情况来看，由于之前缺乏统一设计及施工不规范等原因，现状地下管线错综复杂；此外，厂区管网建设距今已有一段时间，竣工及维护资料保存不完整。为了全面提升管网重构设计工作的质量，提升设计方案的科学性和合理性，在开展设计工作之前，需要对厂区的管网进行全面的探测工作，确定现存管线的位置、埋深以及管道直径等信息，为后续的重构设计工作提供准确的数据支持。

(2) 校核管道运行能力。对于厂区管网系统运行能力进行校核是十分重要的，设计人员需要根据校核结果进行后续管网改造的设计，对于重构工程的质量以及成本支出有着重要的影响。

(3) 科学选择管材。管材的选用应符合国家现行产品标准并宜采用同生产厂家的相应配套产品；管材的公称压力（包括管道接口耐压）应与管道工作压力匹配，管道内工作压力不得大于产品标定的公称压力或标称的允许工作压力；管材的强度、水密性、重量、价格、耐腐蚀性均应符合国家现行标准。

4.3.3.2　给水管网韧性重构策略

A　给水管网重构设计

(1) 在给水管线设计布置时，应该分清主次，先进行主要管道的布置。首先对占有空间较大或者不转弯的管道进行布置，尽可能避免各个管道因为转弯而出现"打架"现象。

(2) 对于管道交叉区域，往往采取"热水管在先，冷水管在后""重力流在先，压力流在后""大管在先、小管在后"等原则布置。

(3) 在管道布置时，一定要保证各个管道上的附件安全可靠，不可胡乱拆除管道附件。

(4) 在管道布置过程中，需要留足充分的操作和维修空间，以保证定期对管道的维护。

(5) 确定合理的管道间距，最好是成行成排，各个管道之间的间距保持协调统一，各个管道附件及支管做到美观整齐。

B　给水管网韧性重构策略

（1）树状网：管网从水厂泵站或水塔到各区域的管线布置成树枝状，如图 4.17 所示。但树状管网的供水可靠性较差。另外，在树状管网的末端，因用水量已经很小，水流缓慢，甚至停滞不流动，因此水质容易变坏，有出现浑水和红水的可能。

（2）环状网：环状网中管线连接成环状，如图 4.18 所示。这类管网进行检修时断水地区缩小，供水可靠性增加，还可以大大减轻因水锤作用产生的危害，而在树状网中则往往因此损坏。

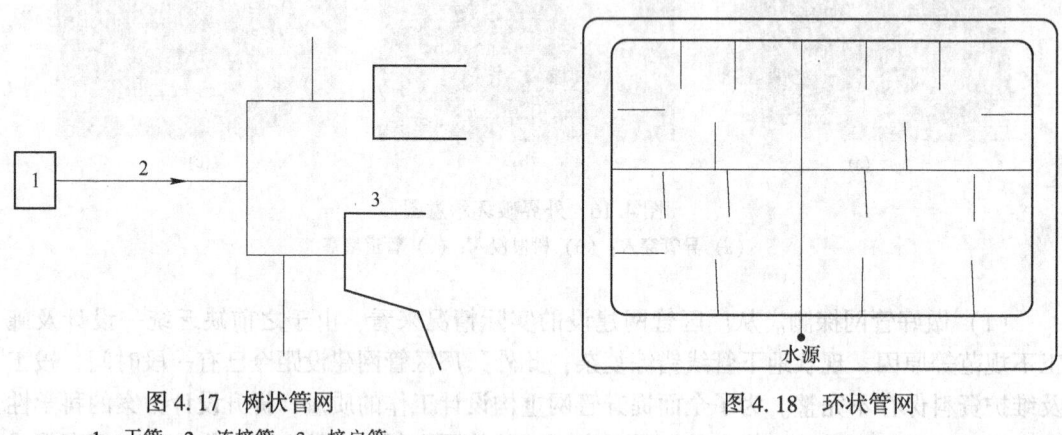

图 4.17　树状管网　　　　　　　　　　　　图 4.18　环状管网
1—干管；2—连接管；3—接户管

4.3.3.3　排水管网韧性重构策略

（1）雨污分流。厂区在建设初期由于排水管网工程量相对较小、节约投资等原因，雨污分流并没有被广泛利用。但随着时间的流逝，厂区污水处理的能力越来越差，急需对厂区的排水管网进行重构，雨污分流制改造可降低雨水、污水共同排放的压力，减轻因雨水径流使得污水管网中污染物增多导致排水管网的使用年限和寿命缩短情况，以及由于强降雨或突发暴雨，排水管网的排水能力有限，因此排水管网出现外溢等情况而造成厂区内涝、洪灾等。目前比较常见的改造形式主要分为两种：1）保留合流制管道，新建雨水管道；2）保留合流制管道，新建污水管道，如图 4.19 所示。

（2）优化截留改造设计措施。伴随着降雨次数居多，在降雨量大的时候容易发生水灾，针对自然灾害优化截留的改造设计，对于截留管道的布置通常是按照支管、干管、主干管来进行布置。应利用厂区区域地形，将排出的污水流向根据地面由高到低进行设计。在截留管道的设计中，与其他管道工程进行相互协调，保证截留管道架设在水管道之下。通过管道设计，控制截留管道坡度，保障上游管道水面高度高于下游管道，使得污水在截流时可以依靠重力流进行排水。

（3）强化排水管网改造质量。厂区排水韧性重构采取渗、滞、蓄、净、用、排等措施将 70% 的降雨就地消纳和利用，使厂区能够像海绵一样下雨时吸水、蓄水、渗水、净水，需要时将蓄存的水释放并加以利用。可以结合厂区绿化带设置下凹式绿地，利用空地等设置渗透塘等厂区的蓄水、净水设施，既缓解了管网的排泄压力，又可以营造出小景观，美化环境。

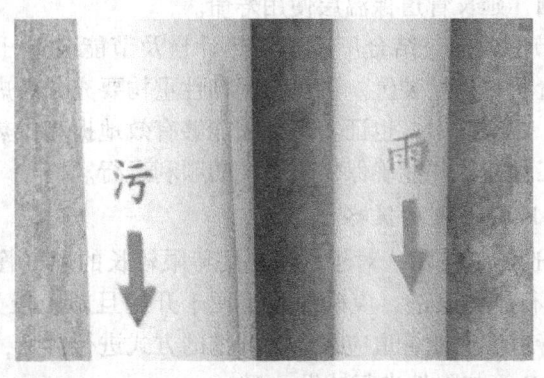

图 4.19 雨污分流

（4）排水防坠网设置。排水防坠网是一种用于安装于窨井的防护产品，由护网和固定钩组成，护网由若干条聚乙烯材质的绳子编织而成，呈蜘蛛网结构，安装起来方便快捷。为厂区安全提供全面防护保障，安装后既不影响窨井美观又能做到隐形，保障厂区车辆及行人安全，既能保留窨井原有风格，又能完全保护所有窨井安全，不管被盗还是损毁，都能及时地提供安全保障，如图 4.20 所示。

图 4.20 排水防坠网

4.3.3.4 供热管网韧性重构策略

（1）供热管网总体布局。供热管网在设计时，要按照厂区供热负荷情况进行总体规划，合理进行管网水力计算和管径选型，合理布局厂区内供热管道走向。在规划过程中不仅要对当前的情况进行考虑，同时要对未来进行预算和规划，所以在设计中要符合实际情况，同时也要给将来留下发展的余地。

（2）管网敷设方式。在以前的供暖管道敷设中，主要是采用地沟敷设方式。地沟敷设管道主要是使用岩棉保温材料，此材料的防水性能及保温性能较差，导致管道长期处于湿热的环境中，供热损失较大，管道寿命短。供热管网韧性重构可采用直埋敷设，管材采用硬质聚氨酯泡沫保温材料、聚乙烯保护壳和钢管紧密结合的预制直埋保温管，它的保温效果较好，还具有一定的抗压强度。对于架空管道，可以在施工完成后，再包裹一层镀锌铁皮，以避免管道暴晒，延长管道保温层使用寿命。

（3）二级网计量节能改造。结合厂区建筑热计量及节能改造任务，在二级网及用户入口加装水力平衡装置及热计量装置。供热管网韧性重构要充分考虑设备安装施工，便于日后维护管理和使用。在实践中，也证实平衡阀能够有效地提高供热系统的效率，降低管道的能量消耗，减少工程造价并能确保供暖系统的顺利运行。

4.3.3.5　燃气管网韧性重构策略

（1）PE管整体改造施工技术。对于一些使用年限较长的燃气管道或超过设计年限的管道，可使用PE管进行整体改造，应确保施工便于开挖且施工较为便利。具体方法为：拆除原有的全部燃气管道，埋地管道应采用大开挖的方式进行拆除，然后采用具有较强耐腐蚀、阻燃性较高的PE管与附件进行铺设。

（2）PE管异径穿插改造施工技术。具体方法为：选择一个直径小于原燃气管道直径的PE管，然后通过外力牵引或推入的方式放入原有的燃气管道内，不仅能实现对老旧燃气管道改造的目的，而且还能借助老旧管道对现有管道进行保护。应用此种方式时，需要将老旧燃气管道做除锈处理并清洗干净，从而确保达到良好的保护效果。同时，为确保穿入PE燃气管道的完整性与安全性，在改造施工时应在原有燃气管道上利用水平定向钻技术定向打孔，防止原有燃气管道内的杂质异物堆积而对PE管穿插产生影响，帮助PE管实现成功穿插。

（3）翻转内衬修复改造施工技术。翻转内衬修复改造施工技术是一种常用且较为先进的改造技术，此种改造方式无需对原有管道进行拆除，但需要使用专业的设备与清洗剂对老旧管道进行清洗处理，确保清洗符合标准要求后，再利用专业的内衬翻转仓用水或压缩空气作为动力，将软管与黏结剂翻转至原有燃气管道的内壁，等待黏结剂黏结牢固，并形成一个统一的整体。这种改造施工技术对于技术人员的能力要求相对较高，需要技术人员具备一定的作业经验与较为熟练的专业技能。

（4）外爬墙改造施工技术。由于厂区建设年代较为久远，很多厂区内的建筑格局都可能会出现因工作的需要而发生变动的情况，存在私搭乱建的情况，从而导致提前敷设的燃气管道楼前被后来改建的一些构筑物占压，如果对这些建（构）筑物进行强制拆除还存在一定的难度。若遇到此种情况，可借助厂区的建筑外墙，利用外爬墙的方式对楼前燃气管道进行改造，能大大减少施工成本，并获得良好的经济效益与社会效益。

4.3.3.6　供电管网韧性重构策略

厂区供电管网搭设杂乱，如供电管网韧性改造不能从根本上解决问题，供电管网将停滞不前，越来越多的用电问题将会出现，如图4.21和图4.22所示。供电管网建设要遵循现代化的厂区建设，根据厂区建设的特点进行相应的韧性重构，符合厂区建设的规范化要求。

（1）加强对供电管网的网络化建设。供电管网合理的网络化建设需要合理安排供电管网运行的方式，供电管网是连接供电企业和厂区的桥梁和纽带，供电管网的安全性和稳定性直接影响着供电企业和厂区的切身利益，一旦发生事故将会带来重大的损失。在建设供电管网时需要确保安全可靠，满足电能质量的前提下，能够保证供电管网内的各个元件都在最佳状态下运行。需要对供电管网的运行进行全程监控，以便能够及时发现问题并解决问题。对供电管网的运行研究工作要加大力度，确保供电管网长期处于最经济方式下运行。当用电安全和经济效益发生矛盾时，首先应该做到的是确保电力系统的安全，其次才能考虑经济效益。根据电力部门的规范化要求，进行统一调度以及分级管理的原则，其目的在于全面监督电力系统安全，在确保用电安全的基础上最大限度地提高经济效益。

图 4.21　管网改造前示意图　　　　　图 4.22　管网改造后示意图

（2）利用现代化的技术优化供电管网。为进一步提高供电管网的可靠性和稳定性，需要依靠现代的科学技术。运用计算机技术、电子技术、通信技术以及互联网技术等现代化的技术手段和设备，达到智能电网的要求。供电管网系统要随时代的发展而变化，结合厂区建设的特点，电力企业通过网络技术和通信技术将供电管网日常运行的情况传输到厂区控制中心，做好供电管网系统的监控工作。自动化的电力设备可将用户数据各方面信息进行汇集，对供电管网进行检测、控制和维护，形成完整的自动化系统。在供电管网系统中，采用智能化全自动的系统模式，减少人力的使用，形成完整的系统监控体系，能够及时发现运行中故障，并第一时间做出维修方案，从而降低损失，最大限度提高供电管网网络安全性。

（3）加强实施改造技术管理。实施改造技术管理包括设计、运行、改造和维修等各个方面。在工程实施前期根据供电管网建设要求，做出合理的设计方案；供电管网网络运行时要确保其稳定性和安全性；后期的改造技术要在原技术基础之上进行合理的改造设计，避免产生改造矛盾；维护工作尽可能的简化，前期工作做好了后期的维修工作也就轻松简单。

4.4　消防设施韧性

4.4.1　消防设施韧性基本内涵

4.4.1.1　消防设施的基本概念

消防设施是指厂区的消防车道、消防安全疏散通道、消防灭火系统、消防排烟系统、火灾自动报警系统等用来预防和消除火灾的设施。消防设施韧性是指厂区消防系统在火灾时的有效反应能力，主要从抗扰性、冗余性、智能性、迅速性四个方面来考虑。抗扰性是指建筑的消防设施能够抵御火灾造成的损害，具备维护建筑内部各系统保持完整状态的能力。冗余性是指在火灾发生时，某些消防设施遭受破坏后可以有相同功能的其他设备设施进行替代，保证消防设施系统发挥正常功能。智能性是指在依托互联网等先进技术及时对火灾险情进行预警和处置，当探测到火灾信号后自动报警并立即启动有关消防设施。迅速性是指在火灾发生时，通过信号感知迅速进行应急疏散并通过相关措施进行隔离，阻止火灾进一步扩大发展的态势，提高扑救火灾的能力，从而防止次生灾害的发生，提升应急救援效率。

4.4.1.2　既有消防设施的分类

消防设施主要包括消防车道、消防安全疏散通道、消防灭火系统、消防排烟系统、火灾自动报警系统等，见表4.4。

表4.4　既有消防设施的分类

名　称	内　容
消防车道	消防车道是指火灾时供消防车通行的道路
消防安全疏散通道	安全疏散通道是引导人们向安全区域撤离的专用通道，为保证安全地撤离危险区域，建筑物应设置必要的安全疏散通道设施，如太平门、疏散楼梯、天桥、逃生孔以及疏散保护区域等
消防灭火系统	消火栓灭火系统是最常用的灭火系统，由蓄水池、加压送水装置（水泵）及室内消火栓等主要设备构成
消防排烟系统	防排烟系统都是由送排风管道、管井、防火阀、门开关设备、送排风机等设备组成
火灾自动报警系统	火灾自动报警系统是由触发装置、火灾报警装置、联动输出装置以及具有其他辅助功能装置组成的，它具有能在火灾初期，将燃烧产生的烟雾、热量、火焰等物理量，通过火灾探测器变成电信号，传输到火灾报警控制器，并同时以声或光的形式通知整个建筑，控制器记录火灾发生的部位、时间等，使人们能够及时发现火灾，并及时采取有效措施，扑灭初期火灾，最大限度地减少因火灾造成的生命和财产的损失，是人们同火灾做斗争的有力工具

4.4.1.3　消防设施韧性重构的原则

（1）与厂区韧性重构相结合。旧工业厂区的消防设施系统韧性重构不应该是一个独立的工程，应该与厂区其他更新改造工程相结合，例如空间整合、建筑节能、环境提升等，统筹规划，综合考虑，实现资源的整合，集约利用。

（2）以防为本。以易发生火灾的重点元素为"主体"进行消防设施韧性重构工作，增强重点元素的综合防火能力，最大程度地避免火灾发生。

（3）因地制宜、统筹规划。应该根据旧工业厂区的现状与自身特点，充分利用其内部或者周边现存的可利用的消防资源，因地制宜地制定适宜该厂区的消防设施韧性重构措施。综合多样的空间组成和多元的功能要求，统筹厂区消防的各类因素，构建厂区消防系统。

（4）可持续发展。可持续发展已经成为全球各个领域长期发展的指导方针，旧工业厂区消防设施系统的改造一方面要考虑火灾防御、灾后避难的要求，另一方面也要充分考虑优化厂区生态环境的要求，尽量保护自然环境和生态资源。

4.4.1.4　消防设施韧性重构意义

通过对消防设施合理的韧性重构，可以在火灾前期自动报警，启动固定装置灭火，使火势得到有效控制；中期阻止火灾大面积燃烧，将火灾控制在固定区域，防止火势迅速蔓延；在火势无法控制的情况下，启动安全疏散设施，可以控制烟雾扩散，保证人群迅速撤离火灾现场，同时为消防部门扑救火灾提供施救条件，从而减少火灾造成的财产损失和人员伤亡。

4.4.2 既有消防设施问题分析

既有消防设施问题分析包括以下九个方面：

（1）消防设计不合理。旧工业厂区早期设计的消防系统普遍存在不完善的现象，存在消防设施漏项、选型不对和功能不全等问题。加上当时我国正处于大发展时期，需要大量的钢铁等工业产品，这使得一些建设单位及设计单位为了加快建设简化甚至取消了消防系统的设计，从而埋下了先天性火灾隐患。

以消防通道为例，经调研，发现问题如下：第一，未设置消防通道。当发生火灾后，消防车辆无法及时到达火灾现场，必须通过其他道路到达火灾现场，从而错过最佳救援时间，这就造成了人员的伤亡和资源的浪费。第二，厂区设置了消防通道，但是通道被占用，火灾发生的次数毕竟占少数，故而消防通道就容易被各种杂物或者其他东西堆积，当火灾发生时，堆积物会影响消防车通行效率，从而延迟有效的救援时间。第三，厂区消防车道少。消防车道应结合厂区的面积以及厂区建构筑物的数量和大小进行设置，若厂区面积较大，消防车道不足，则会影响救援效率，造成严重损失。

（2）建筑耐火等级低。不少厂区会由于工作需要，从经济、效益方面考虑，经常采用钢结构的厂房，钢结构具有结构简单、施工方便、跨度大、现代感强、内部空间大、内部自由度大以及建造周期短等许多优点，也逐步成为厂区厂房的主要结构形式之一；但是，钢结构也具有建筑耐火等级较低，防火性能较差，在高温作用下其力学性能包括弹性模量、屈服强度都会大幅度降低，容易发生垮塌的缺点，造成人员伤亡和较大火灾损失。

（3）消防产品质量不高。近年来，随着科学技术的发展消防产品质量有了很大提高，但由于产品监督体系的不完善以及技术革新水平的差异，消防产品质量不尽一致。如火灾自动报警系统误报、漏报，消防水系统管道漏水等情况。有些厂区因为自身及市场原因，还在使用一些落后的消防产品，这一类的消防设备运行成本高，维修困难，在使用时往往是"带病"运行，使得厂区消防处于危险之中，提升了初期火灾的扑灭难度。

（4）安装施工质量不佳。消防工程施工质量不佳是消防隐患存在的一个重要因素。一方面，存在消防施工单位无固定专业施工人员的现象，在实际的消防安装工程中"钻空子"，低价聘请不符合专业要求的施工人员；另一方面，存在工程竞标中采取不正当的经济手段压低标底的现象，为了获得高额的利润，不惜牺牲消防工程的质量，且缺乏严密的质量监督体系，都为厂区建筑固定消防设施埋下了先天隐患。

（5）消防设施不完善。多数厂区由于建造年代早，厂区根本无室内外消防给水系统等消防基础设施。市政供水管网压力也不能满足火灾扑救用水的需要，加之厂区及内部的消防水源严重不足，灭火器材配备不足，一旦发生火灾不能及时得到有效的控制，极易造成重大的人员伤亡和财产损失。

部分旧工业厂区消防管道供水量不足，导致消防用水缺乏。而市政消火栓数量和地下消防管网多是上世纪六七十年代安装的城市给水管道，管材多为铸铁管，覆盖区域少，供水管径小，管网供水压力、流量均达不到灭火要求。

（6）缺乏检测维修。建筑消防设施应按照规定定期进行检测与维修，对于消防安全意识淡薄的单位，其内部设置的消防设施大多数是为了应付消防机构的验收，消防设施形同摆设，即便投入使用，也未安排人员进行管理，出现违反消防设施功能规定的错误操作，不定期进行维护保养等现象也层出不穷，致使消防设施出现故障后不能第一时间修复，极大削弱了厂区抵抗火灾风险的能力。因此，厂区的既有消防设施、器材无法满足需要，有些厂区的消防设施甚至损坏且得不到维护，如图 4.23 所示，这就导致厂区抵御火灾的整体能力十分薄弱。

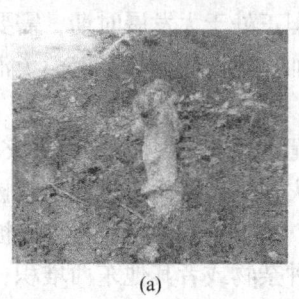 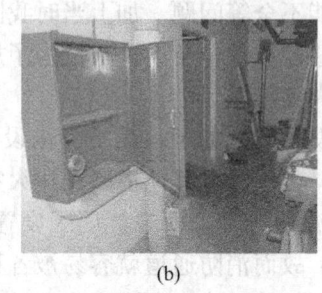 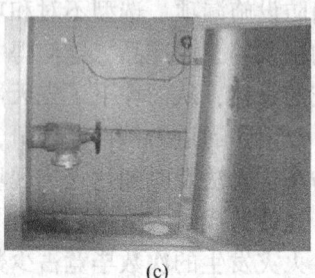

　　　　　　(a)　　　　　　　　　　　　(b)　　　　　　　　　　　　(c)

图 4.23　消防设施损坏示意图

(a) 消防栓损坏；(b) 灭火设施丢失 (1)；(c) 灭火设施丢失 (2)

（7）火灾隐患较多。我国目前留存下来的旧工业建筑都有着较为久远的建设和使用时间年代，随着社会生产力的发展以及人们对建筑质量和功能要求的不断提高，按照当年的建造标准进行设计施工的旧工业建筑已经不能满足现行规范的要求。恶劣的使用环境加上长年的闲置，使得旧工业建筑的防火性能下降严重，加上旧工业厂区内部缺乏消防设施、消防安全规划不合理等情况，形成了旧工业厂区内防火条件差的局面，留下了严重的消防安全隐患。

部分厂区废弃之后留下大片旧厂房，现在成为垃圾、废土堆放场所。整个区域杂草丛生，垃圾、污水、污物随处可见；厂方又疏于管理，尘土、垃圾飞扬，一片荒凉。当火灾发生时，枯草、垃圾会成为火灾蔓延的条件，导致火灾更快的蔓延。

（8）建筑防火间距不满足安全要求。很多厂区经过多次升级技改，对现有设施进行扩建或者临时搭建，占用消防通道，并且造成与周边建筑的防火间距不满足安全要求。

（9）对城市危险性大。在城市的发展扩张过程中，许多旧工业厂区逐渐成为城市中心地带，随着厂区周边环境与人口数量的改变，旧工业厂区内火灾安全隐患问题更加突出。往往闲置的旧工业建筑处于无人看管的状态，当发生火情时，很难在第一时间发现并对火灾进行控制，加上缺乏系统的消防设施以及可燃物多的特点，在其内部发生火灾的危险性也就越来越大，有这样特点的旧工业厂区对周边建筑和人群产生极大的威胁。

4.4.3　消防设施韧性重构策略

4.4.3.1　建筑消防韧性重构

厂区内应该根据用地规模、功能等分别设置醒目的安全出口、疏散走道、消防通道等消防设施。装修材料符合《建筑内部装修设计防火规范》要求，选用不燃或难燃材料；厂房柱、梁等构件选用防火保护的金属结构；管道穿过隔墙楼板时，采用 A 级防火材料将其周围的缝隙填实。对于建筑墙体的消防韧性重构主要包括外墙保温防火措施、玻璃墙的防火措施、木质装饰外墙的防火措施。

（1）外墙保温防火措施。在旧工业厂房外墙保温改造施工中，存在着火容易、过火速度快、产生大量浓烟及有毒气体、扑救困难等问题，火灾隐患极大，防火措施对提高安全性起着重要作用。外墙保温防火措施主要包括：1）使用阻燃剂；2）在可燃保温材料外设置防护层，降低保温材料的点火性能和火灾蔓延性；3）设置防火隔离带。

（2）玻璃墙的防火措施。对于改造中使用大面积玻璃墙面来讲，其消防安全主要是考虑防火玻璃的使用。建筑外墙的防火玻璃宜采用单片防火玻璃或利用单片防火玻璃加工而成的夹层安全玻璃、中空玻璃、镀膜玻璃等玻璃制品。

（3）木质装饰外墙的防火措施。一些旧厂房为木质墙体，属于易燃物质，对于此类建筑的改造主要包括对其做阻燃处理或者在木材的表面包裹不燃性材料，通过表面防护工作实现对木材的隔热、隔氧作用，从而提高它的可燃性能等级。

4.4.3.2 消防车道韧性重构

结合道路规划、相关防火规范要求，充分考虑消防车道的宽度、高度、消防车道上空有无影响操作的障碍物以及通道的连通性等因素，对旧工业厂区消防通道系统进行梳理和重构。

4.4.3.3 消防安全疏散重构

火灾情况下，人员要快速向外疏散，消防安全疏散通道的设置极为重要。一般要点为：（1）通道要简明直接，尽量避免弯曲，尤其不要往返转折；（2）疏散通道内不要人为设门（防火分区的门除外）、台阶、门垛、管道等，以免影响疏散；（3）建筑消防安全疏散通道耐火性能必须有一定强度。

4.4.3.4 消防灭火系统重构

建筑消防灭火系统最常用的是自动喷洒系统，在公众集聚场所的建筑中设置一定数量的自动喷洒灭火装置，对在无人情况下初期火灾的扑救非常有效，极大地提升了建筑物的安全性能。通过在厂区建筑物中安装喷淋系统来对日常生活中存在的火灾隐患进行应对与排除；当出现火灾之后，喷淋系统自动触发，在燃烧区域喷洒冷水，在消防员到达之前对火势进行有效的控制。

4.4.3.5 消防排烟系统重构

根据《建筑设计防火规范》的要求，建筑消防排烟只针对生产车间火灾危险性类别为戊类的厂房进行设置，车间内所有面积不小于300m²的建筑仅采用自然排烟方式，房间内可开启外窗净面积大于建筑面积的2%。作为自然排烟的窗口宜设置在厂房的外墙上方或者屋顶上。合理设计布置安装消防排烟天窗，可有很好地改善室内的空气品质，从而提供良好的工作环境，增进工作效率。消防排烟天窗可以迅速地把大量浓烟排出，创造更多逃生空间，从而发挥其消除排烟的功能。

4.4.3.6 火灾自动报警系统重构

通过对火灾自动报警系统韧性重构，建筑物能够及时接收火灾的信号并报警，发出警报，对于人们能及时撤离至关重要。根据火灾报警器的不同，分为烟感、温感、光感、复合等多种形式，适应不同场所；火灾报警信号确定后，将自动或通知值班人员手动启动其他灭火设施和疏散设施，确保建筑和人员安全。

4.5　无障碍设施韧性

4.5.1　无障碍设施韧性基本内涵

（1）基本概念。无障碍设施是指保障残疾人、老年人、孕妇、儿童等行动不便或有视力障碍者在居住、出行、工作、休闲娱乐和参加其他社会活动时，能够自主、安全、方便地通行和使用所建设的服务设施。

（2）无障碍设施韧性重构的原则。无障碍设计的理想目标是"无障碍"，清除让使用者感到困惑、困难的"障碍"，为使用者提供最大可能的方便，所以最需要的就是人文关爱。根据使用者多样的喜好与不同的能力进行重构，提供多元化的使用选择，使不同人群能平等轻松使用场地空间。

无障碍设施韧性重构应简单易懂，不能因为使用者的经验、知识、语言能力、集中力等因素而造成无法使用的情形，去除不必要的复杂性；也不会因错误的使用或无意识的行动而造成危险。

4.5.2　无障碍设施韧性重构策略

4.5.2.1　盲道重构设计

盲道作为无障碍设施规划的必建项目，是厂区无障碍步行体系中的重要组成部分，也是其无障碍设施是否健全的重要标志。盲道是用来引导盲人等视觉障碍者行走与辨别的通道，它不仅是一条铺装的道路，也包括道路两旁可以为视觉障碍者提供信息的所有元素组成的一个空间。盲道分为提示盲道与行进盲道两种。提示盲道用于提示已经到达或将要到达转弯、道路终点等信息，行进盲道则引导视觉障碍者的行走方向，防止其偏离道路。

在建设盲道系统时，应严格按照《无障碍设计规范》既定要求设置盲道的宽度、颜色等基本属性，准确使用提示盲道砖和行进盲道砖，在此基础上，灵活性地结合盲人出行特点和需求在不同的地段铺设盲道。在修建盲道之前应进行详细的规划，实地考察路面环境，分析盲人可能的目的地，设置通向不同方向、满足盲人不同出行需求的盲道，在铺设过程中尽量减少不必要的弯路，绝对禁止盲道上出现障碍物，保证盲道系统的连续性、安全性和便捷性。

4.5.2.2　坡道重构设计

坡道由缘石坡道与行进坡道组成，行进坡道为符合人行道的通行标准，缘石坡道是为满足弱势群体进入有高差的道路而设置的坡道。通常缘石坡道被应用在道路两端，平滑的连接坡道与路面。常见的缘石坡道有单面坡道、三面坡道和扇面坡道，三者分别以不同的形式连接路面。单面坡道的坡面是单向的，一般在尺度较小的游憩道路两端设置。三面坡道的三个连接面都作为坡面，一般应用于园区中允许通车路段的两边及路口，见表4.5。

表 4.5 坡道设置要求

设施	行进坡道	缘石坡道
宽度	行进坡道的宽度应符合轮椅通行的尺度，一般要求可以满足两个乘坐轮椅者交互穿过，行进坡道的宽度以不小于 2.5m 为宜	缘石坡道的最小宽度应可以满足乘坐轮椅者的使用尺度，最小为 1m，可以满足乘坐轮椅者直接通行
坡度	通行的纵坡坡度应在 5% 左右，坡度大于 8% 的道路应做防滑处理	缘石坡道的坡度也应满足无障碍坡道通行的正常坡度，同时缘石坡道都应该坡面平整防滑，不可有凸起凹陷

4.5.2.3 无障碍标识设计

标识系统在厂区中起辅助作用，主要作用在于对公共设施等起到提醒、引导、提示、警示的作用。无障碍标识是特别为残疾人、老年人、儿童等弱势群体设置的标识，为他们提供大量场地信息以及帮助，具有针对性与明确性。无障碍标识的设置，彰显着旧工业厂区韧性重构后的人性、开放与平等，体现了对弱势群体的关心与关怀。

各类无障碍标识应做到通用、无遮挡阻拦，设置时应考虑到弱势群体不同的类型，从位置高低、字体大小、颜色等方面进行细致化设计，使其为每一个人都传达到详尽的信息。同时标识应当做到有规律的周期出现，以确保使用者可以随着行进知晓周边环境，同时标识应做到易辨别，使得可以明确的分辨和理解出无障碍标识所想要传达的信息，如图 4.24 所示。

(a)　　　　　　　(b)　　　　　　　(c)　　　　　　　(d)

图 4.24 无障碍标识

(a) 无障碍通道；(b) 无障碍停车位；(c) 无障碍卫生间；(d) 无障碍电梯

4.5.2.4 无障碍停车位设计

无障碍停车位的设立，既能体现一个厂区的温度，也能体现一个厂区的人文关怀。在对厂区停车规划中加入无障碍设计，按照《无障碍设计规范》规定，选取适当的位置，增设无障碍停车位，并在停车位内施划有"残疾人轮椅"图案。设置要求如下：

(1) 无论设置在地上或是地下的停车场地，应将通行方便、距离出入口路线最短的停车位安排为无障碍机动车停车位，如有可能宜将无障碍机动车停车位设置在出入口旁。

(2) 无障碍机动车停车位的地面应平整、防滑、不积水，地面坡度不应大于 1:50。

(3) 停车位的一侧或与相邻停车位之间应留有宽 1.20m 以上的轮椅通道。

(4) 无障碍机动车停车位地面应涂有停车线、轮椅通道线和无障碍标志。

5 旧工业厂区绿色重构生态韧性分析

5.1 生态韧性重构基础

5.1.1 生态韧性重构内涵

5.1.1.1 生态环境相关概念

生态环境（ecological environment）是"由生态关系组成的环境"的简称，是指与人类密切相关的、影响人类生活和生产活动的各种自然力量，包括水资源、土地资源、生物资源以及气候资源数量与质量的总称，是关系到社会和经济持续发展的复合生态系统。

旧工业厂区的生态环境是指旧工业厂区内水系、土壤、植被、空气质量这四类系统以及它们之间互相作用、互相制约所形成的环境，如图5.1所示。旧工业厂区的生态环境是地球整个生态环境中的一部分，它所研究对象的范畴相对来说更小，并不包括其中的生物群落。旧工业厂区生态环境绿色重构的目的是为了促进其系统更加具有活力、更加稳定，并且协调运行，以期更好地使重构后的旧工业厂区健康发展，图5.2是旧工业厂区生态环境健康发展的示意图。

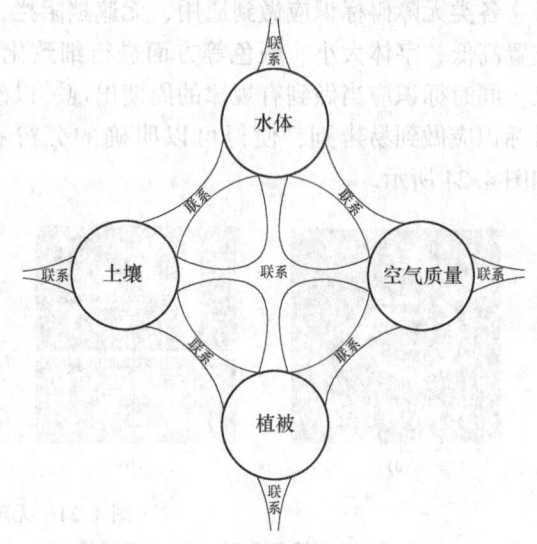

图 5.1　旧工业厂区生态研究的范畴

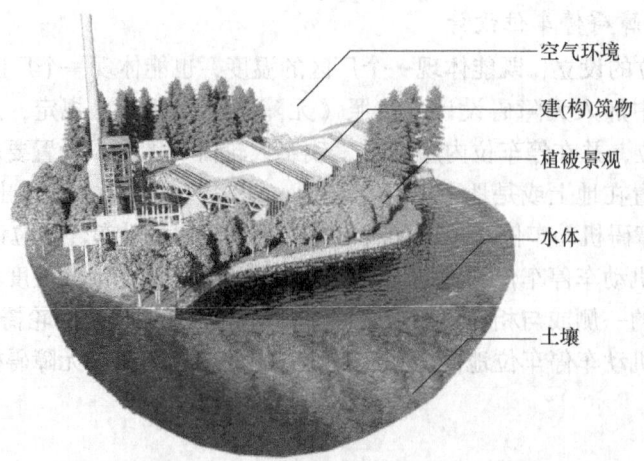

图 5.2　旧工业厂区生态环境健康发展示意图

5.1.1.2 生态韧性相关概念

生态韧性的研究始于 1973 年，是指生态系统受到外界干扰时，偏离平衡状态后所表现出的自我维持、自我调节、抵抗外界各种压力及扰动的能力。它决定了一个生态环境内部的持续性关系，同时也是一种能力度量，包括这些系统之间对状态变量、驱动变量以及参数变量的吸收，并仍然持续存在的能力。Gunderson 指出，生态韧性还包括生态系统的适应能力。因此，生态韧性主要强调生态系统对干扰的吸收，以及系统自身重组、适应和持续发展的能力。

旧工业厂区生态韧性重构是指通过对废弃后的旧工业厂区进行调查研究，结合生态韧性的理论来制定科学合理的生态修复计划，并用现行的韧性设计方法对旧工业厂区生态环境进行具体的规划或设计。它的规划和设计应该具备两方面的能力：一方面，为维持旧工业厂区景观本底所需的生态支撑能力；另一方面，为面对旧工业厂区发展产生的内部压力及外部风险冲击时，对风险的吸收能力与化解能力。因此，韧性重构的目的是使旧工业厂区生态环境具备支持厂区社会生态系统健康可持续发展的能力。

5.1.2 生态韧性重构原则

生态韧性重构时，要遵守每个原则和它们之间的相互联系，这样旧工业厂区的生态环境才能形成强大的适应能力和遭受破坏后的恢复能力。生态韧性重构原则如图 5.3 所示。

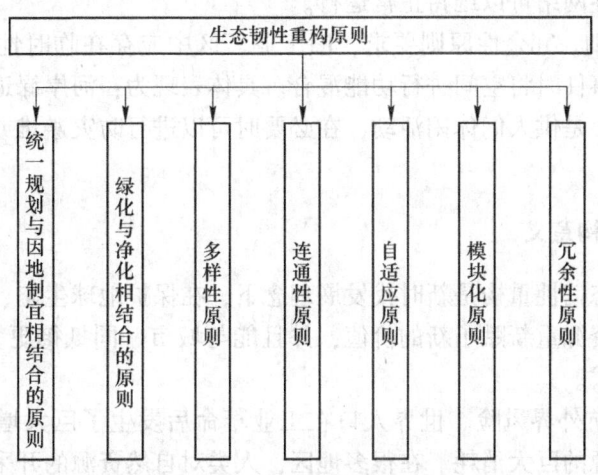

图 5.3 生态韧性重构原则

（1）统一规划与因地制宜相结合的原则。旧工业厂区生态环境的韧性设计应当有依可循、有所借鉴，并强调整体都要形成点、线、面相结合的稳定生态系统。从宏观角度把握建筑、环境和自然之间的关系，形成系统清晰、秩序井然的空间格局。

在遵守统一规划的基础上，针对特定时间段旧工业厂区所拥有的自然条件，绿色重构时应当结合土壤、水体、风向以及厂区的整体定位，在生态框架和景观要素的表现手法上进行加工与创造，因地制宜的差异化设计。

（2）绿化与净化相结合的原则。为缓解生产阶段排出的废气废料对旧工业厂区生态环境的影响，应有针对性地配置植物品种，同时满足绿化和净化的要求。选择植物品种时，应以抗污染（有害气体、烟、粉尘、噪声等）为基本条件，如绿地中可以栽植能够吸收二氧化碳、一氧化碳等有害气体的忍冬、紫丁香等。水中植物的选择也要发挥其吸音、净化水体的作用，保证旧工业厂区生态系统的平衡。

（3）多样性原则。多样性是指系统内种群、群落、生态系统以及生态结构和其中的生态过程的多样性。多样性原则在区域生态系统中，主要体现在多种元素的共存，能够从外部环境的变化中汲取更多的能量，更不容易被破坏，同时在恢复时使用的时间更短。

（4）连通性原则。一个系统内部或者多个系统之间要正常运作需要进行物质、能量、信息的交换，高效的信息交换能够使系统内部更加稳定。如果系统一直封闭就会导致内部生物的多样性出现下降或者整个群落出现退化的现象，因此在韧性重构时要为生态系统的发展设置多样化的通道。

（5）自适应原则。区域生态系统的构建需要考虑动态因素对区域健康发展的重要性，因此构建生态系统的自适应性对于旧工业厂区生态韧性重构至关重要。自适应原则需要对旧工业厂区生态系统的多中心性、多功能性和连通性进行强化，保证各节点之间高效的物质循环，积极主动产生适应性变化。

（6）模块化原则。模块化是将每一个节点封装成独立的功能与更大的网络和更多的功能模块相连接，形成多中心、多功能、多节点、无边界的网络。这样当系统中一项功能暂时缺失或者某一区域停止运转的时候，只要系统与外部相同功能模块相连接就不至于整个系统受到影响。模块化不仅可以增强景观系统内部的韧性，还可以将内部的功能向外部供给，使整体的韧性网络可以维持正常运行。

（7）冗余性原则。冗余性原则要求，旧工业厂区中应存在临时性空间以便于在不同的时间点应对不同事件时将空间进行功能混合。具体表现为：河岸绿道、雨水花园、湿地等，平时的功能主要是供人们休闲活动，在必要时可以进行防灾避难或者作为容纳区域临时存放物品。

5.1.3 生态韧性重构意义

旧工业厂区生态韧性重构是新时代发展理念下，在保护地球生态、维持城市绿色本底的基础上，将原有资源重新赋予新的价值，并且能与城市一同抵御更多风险的一种科学、绿色的规划设计方式。

（1）有利于抵抗外界风险。世界人口在工业革命后发生了巨大增长，庞大的人口数量同时也带动了能源的巨大消耗。在很多地区，人类对自然资源的开采程度远远超过了自然本身的恢复能力，这对全球自然资源都产生了负面影响，各种突发事件和自然灾害也随之而来，这些影响都有一个共同的特点是不确定性。人类建造的抵御灾害的设施及计划很难将这些影响一一应对，静态的抵抗不是解决问题的办法，动态的适应更能有效地避免灾害，因此韧性的生态系统的理论和实践意义也就显得非常重要了。

（2）有利于协调区域城市。由于旧工业厂区所处的区域具有密度低、改造空间大、改造自由的特点，在对厂区的生态环境进行修复和重构时，可充分利用区域优势，选择适宜的手段和方式对厂区既有自然资源进行再利用。使再生利用后的旧工业厂区能够帮助城市分担外界的风险和伤害，区域联动，共同增强城市生态系统的安全和稳定。

（3）有利于激活城市棕地。旧工业厂区生态韧性重构是对于"城市棕地"的二次复兴，是新时代发展下的集约化体现，对于工业废弃地的二次利用是对城市生态环境的一次修补。由于城市规模扩张、产业结构调整等原因，闲置的旧工业厂区部分存在于城市中心区，地段价值高，人口密度大，因此厂区污染对居民健康构成的隐患更加严重。旧工业厂区的生态韧性重构，也对城市发展和居民安全增添了一份保障。

5.2 水体韧性重构

5.2.1 水体韧性重构内涵

5.2.1.1 水体保护

水体保护是指运用立法、行政、经济、技术、教育等多种手段，对天然及人工水体进行开发、利用和保护水质及水量的措施，旨在防止水资源危机，保障人类活动和经济社会发展。水资源是基础自然资源，水资源为人类社会的进步和社会经济的发展提供了基本的物质保证。由于水资源的固有属性、气候条件的变化和人类的不合理开发利用，在水资源的开发利用过程中，产生了许多水问题，如水资源短缺、水污染严重、洪涝灾害频繁、地下水过度开发、水资源开发管理不善、水资源浪费严重和水资源开发利用不够合理等。这些问题限制了水资源的可持续发展，也阻碍了社会经济的可持续发展和人民生活水平的不断提高。因此，进行水体的保护与管理是人类社会可持续发展的重要保障。

5.2.1.2 水体重构

水体重构是指为了满足新项目的具体规划或总体设计要求，而采取的针对被污染的水体，或者水质健康但是其被人工干预后对生态系统平衡造成破坏的水体，优化其空间布置和资源分配的措施。水体重构的过程要先经过科学修复，使水质尽可能地恢复到自然健康的状态，并结合具体的规划方案要求，对水体进行资源配置、景观美化、管线排布等一系列做法。

5.2.1.3 水体韧性重构

水体韧性重构是指通过重构的手段，提高水体的可持续利用能力、对水体污染和水资源匮乏等风险的抵抗能力，以及从风险中学习并快速恢复至更先进水体系统的能力。城市水系统韧性概念是在生态学、社会生态学概念的基础上发展起来的。韧性的概念较早应用到水管理中，而后又被应用到洪水风险管理。目前针对水系统韧性的定义学界尚未得到统一，但都指向一个共同的水体韧性的核心：当城市水系统面临一种或多种水灾害时，韧性的水系统要有抵抗灾害发生的能力、灾害发生后的恢复能力、系统的自组织、学习和适应的能力。城市水系统韧性还可以从生态弹性、工程弹性和社会弹性三个层面来理解，其中生态弹性包括土地利用、水系格局等。工程弹性包括防灾减灾工程设施，如排涝站、市政管网等。社会弹性包括灾害预警、疏散机制、政府救助、灾后恢复等。针对旧工业厂区的水体韧性重构规划设计，考虑到场地过去的使用性质，水体不可避免地会受到不同程度的污染，因此厂区水体一般会在重构前进行修复。

5.2.1.4 旧工业厂区水体保护与管理的意义

（1）缓解和解决各类水问题。旧工业厂区进行水资源保护与管理，有助于缓解或解决水体重构利用过程中出现的各类水问题，比如通过雨水采集与利用，减少厂区景观和生活用水的消耗；通过对污染物进行达标排放与总量控制、提高水体环境容量等措施，改善水体水质，减少和杜绝水污染现象的发生；通过合理调配生产用水、生活用水和生态环境用水之间的比例，改善生态环境，防止生态环境问题的发生。

（2）提高人们的水资源管理和保护意识。旧工业厂区水体在利用过程中存在的许多水问题，都是由于使用者不合理利用以及缺乏保护意识造成的，通过让更多的人参与水资源的保护与管理，加强水资源保护与管理教育，以及普及水资源知识，进而增强人们的水法治意识和水资源观念，提高人们的水资源管理和保护意识，自觉地珍惜水，合理地用水，从而为水资源的保护与管理创造一个良好的社会环境与氛围。

（3）保证旧工业厂区的可持续发展。水是生命之源，是社会发展的基础，进行水体保护与管理研究，建立科学合理的水体保护与管理模式，实现水体的可持续开发利用，能够确保旧工业厂区的生活和生产，以及生态环境等用水的长期需求，从而为旧工业厂区的可持续发展提供坚实的基础。

5.2.2　水体韧性问题分析

旧工业厂区水体韧性问题不仅仅只有污染问题，用水不当也会给水体韧性造成一定的影响。旧工业厂区废弃前生产工业产品的品类不同，对水体造成的生态问题也会各有差异。同时由于处在不同地域，受当地的政策、法规、生态和经济状况影响，都会给旧工业厂区的水体韧性重构带来千差万别的结果。

5.2.2.1　水体污染防治问题

经过全国多地的案例调查研究分析，水体污染问题不能仅仅依靠后期修复，在工厂生产阶段就应该将污染尽可能降到最小。尽管现有的修复技术能够将被污染水体恢复至可以使用的标准，但是相对于污染后的修复，工厂使用时期有效的监管、减少污染物排出、合理地排放，才能从根源上将问题解决。现阶段旧工业厂区水体污染防治问题主要有四个方面。

（1）"重化工围河"现象突出，环境风险高。我国很多地区目前存在工业园区依水而建的现象，虽然工业园区布局临江滨水有其合理性，但是究其原因还是缺乏区域统筹规划和产业布局总体规划等。

（2）工业区污水集中处理设施基础薄弱。一方面，我国还有许多工业园区未建成污水集中处理设施，在已建成的园区中，存在管网落后的现象；另一方面，许多工业园区的污水处理设施需要升级改造，对于高盐、难降解工业废水的治理仍是园区污水处理的短板。

（3）依托城镇污水处理厂处理工业废水，无法有效去除特征污染物。对于含有化工、医药等水管理重点监管的园区，其污水依赖城镇的污水集中处理设施很难保证污染物不会沉淀或者泄漏，因为很多城镇的污水处理厂设施存在落后现象。

（4）园区精细化环境管理能力亟待提升。目前大部分厂区对环境管理人员的配置明显不够，并且人员业务能力不足，技术手段落后。

5.2.2.2　用水问题

我国水资源总量并不算特别匮乏，但由于总人口较多，所以在人均用水量上仍然是非常缺水的国家。尽管我国仍是一个水资源匮乏的大国，但是国民在用水的观念上，很多方面仍然还没有认识到节水的重要性。在旧工业厂区的水体韧性重构中，应该认真考虑水资源的有效利用，考虑在根源上减少用水量。用水浪费主要体现在两点：设施耗水和节水意识薄弱。

（1）设施耗水。设施的耗水主要表现在跑、冒、滴、漏和采用易耗水设备上，漏损的问题主要发生在给水配件、给水附件和给水设备处。在这些设备的连接处由于密封性不佳、刚性连接过强和密封设备老化等原因易导致水的漏损。而在卫生、饮用水和灌溉上，采用高耗水的设备也是用水量增加的原因。应当制定相应的设备管线安装标准，对老化的设备及时更换，并且在安装初期采用节水设备，避免水资源的浪费。

（2）节水意识薄弱。目前我国居民普遍存在节水意识薄弱的问题，主要体现在日常卫生用水和生活用水上，应当加强国民教育，并且采用一定的惩戒措施来规范居民用水意识。

5.2.3 水体韧性重构策略

5.2.3.1 水体韧性安全修复

旧工业厂区中，化工厂、印刷厂等会造成水体的污染，而遭受工业污染的水体，大部分属于富营养化的问题。受污染的水体环境具有一定程度的自我修复功能（水体自净）。但水体的自我修复功能是十分有限的，当水体污染负荷超过其环境容量时，自净作用便显得无能为力。此时，就必须采取人为措施对其进行修复。要对水体进行人工强化修复，必须对水体的自我修复功能有所了解。

A 水体自我修复功能

废水排入水体后，依靠水体稀释作用等，可使受污染水体逐渐恢复到原来的清洁程度，这就是所说的水体自净作用。表5.1是五种常见的水体自净作用。

表5.1 常见水体自净作用

方 法	内 容
水体稀释作用	污水与天然水混合，可在短时间内降低污染物质浓度，从而减轻污染物质对水体生态的危害程度
水中悬浮颗粒对污染物的吸附作用	沉积物有一定吸附阳离子的能力，污染物吸附在沉积物上以后，随沉积物一起沉降至河床，使河水得到自净
废水中固体物质的沉降作用	废水中的固体物质由于密度较大，经过一定时间会沉降到底部
太阳紫外光的分解作用	太阳紫外光对表层水体中的很多有机物具有分解作用，这种分解作用也是水体自净的一部分
水体微生物的生物氧化作用	通过水体中的微生物与污染物产生各种化学反应，如氧化作用、硝化作用、藻类的呼吸作用等来达到分解污染物的目的

B 表面水体的人工修复

旧工业厂区水体受到严重污染后，若靠自然修复，可能需要较长的周期才能达到使用要求。因此，必须对受污染厂区水体进行人工强化整治，使其生态功能在较短时间内得以恢复，这样才有利于下一步的韧性重构。表面水体的人工修复内容框架如图5.4所示。

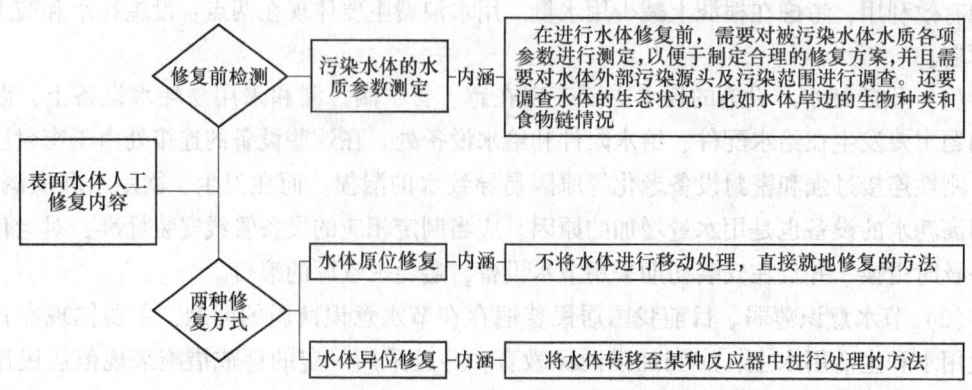

图 5.4　表面水体的人工修复内容框架

在实际的操作中，有截污、底泥疏浚与掩蔽、建设岸边植被缓冲带等修复方法，具体的修复方法及其内涵见表 5.2。

表 5.2　表面水体的人工修复方法

方法	内　　　容
截污	通过截污切断水体外源性污染物的输入，减少水体的污染负荷。对于严重污染的河流，截污只是一个必要的前提条件，一般需要应用其他修复技术方可达到修复的目的
底泥疏浚与掩蔽	底泥中蓄积的大量污染物会随着水温及水体动力学条件的改变而向水体释放。疏浚是对底泥进行异位处置，俗称清淤；而底泥掩蔽则是原位固定方法，就是在污染的底泥上覆盖一层或多层清洁物质，使污染底泥与水体隔离，防止底泥中的污染物向水体迁移
建设岸边植被缓冲带	若旧工业厂区内部或者厂区附近有河流湖泊，可以利用在岸边建设植被缓冲带的做法进行水体修复，修复后的河流湖泊还可以作为工业区内的自然景观加以利用，充分发挥其价值。岸边植被可以避免雨水溅蚀，减少土壤流失，阻止颗粒物向水体搬运。可以在河流岸边既种植草坪又种植花卉、灌木丛、柳树、杨树等树木，充分利用岸边湿地对污染物的截流和转化作用
清水冲污	清水冲污是通过水利措施修复河流的常用技术。该技术可快速有效地减少河流污染负荷，减少水体中藻类（包括水体中藻毒素等有害物质）浓度，通过人为调水还可增强水的湍流强度，从而增加污染水体的溶解氧
生物修复	生物修复是指生物（特别是微生物）对环境中的污染物进行氧化降解，从而减轻或最终消除环境污染的受控制或自发的生态恢复过程。自然的生物修复速度是缓慢的，是难以满足人类需要的，所以通常所说的生物修复一般是指在人为强化条件下的生物修复

C　地下水体的人工修复

地下水水质与旧工业厂区土壤是否受到污染密切相关，因此地下水体的修复通常和土壤修复结合起来进行。在对地下水进行修复以前，必须对厂区地质和水力水文学参数、污染物特性参数、地下水水质参数以及当地土壤特性参数等进行全面的现场调查，这是合理选择修复方法的重要前提。

常用的地下水体修复技术有抽取-处理技术、气体抽提技术、空气吹脱技术、原位修复技术等见表 5.3。旧工业厂区水体韧性重构，需要在充分了解水体的自净功能与人工修复两种概念后，合理地进行水体重构设计，才能使旧工业厂区水体达到可持续利用的效果。

表 5.3 地下水体修复技术

修复技术	内 容	技术图示
抽取-处理技术	该技术为传统的异位修复方法，是将受污染的地下水用水泵或水井抽取至地面进行处理后，再回注于地下的修复方法。 当受污染的地下水区域较大时，可采用多个水井抽取，尽量使水井合理覆盖污染区域，并且要使抽水速率高于污染物在地下水中的扩散速率，以防止污染物大面积地向四周迁移扩散。 这种方法缺点是修复效率低，并且很难将吸附在土壤上的污染物抽取出来	
气体抽提技术	在受污染区域打一眼或多眼抽提井，利用真空泵抽吸使井中产生一定的真空度，从而将存在于土壤空隙的、被土壤吸附的、溶解在水中的或者漂浮于地下水层或沉积于下层的有机污染物转变为蒸汽，将蒸汽抽提到地面后进行收集或妥善处理。 如果地下水（或土壤）受到易挥发且在水中溶解度较小的有机物的污染，则宜采用气体抽提技术对地下水进行修复	
空气吹脱技术	在一定的压力下，向受污染的地下水区域压入空气，降低地下水中挥发性有机污染物在土壤空隙气相中的分压，即可将溶解在地下水中的、吸附在土壤颗粒表面的或存于土壤空隙中的挥发性污染物驱赶出来，再利用抽提井和真空泵等设备将驱赶来的气态污染物抽吸至地面净化装置进行处理	
原位修复技术	在受污染区域钻两组井，一组是注入井，将用来接种的微生物、营养物质、电子受体和水注入土壤中；另一组是抽水井，将地下水抽吸到地面，诱导所需的地下水在地层中流动，以促进微生物的分布和营养物质的运输，并保持氧气供应	

5.2.3.2 建立生态修复湿地

湿地是一种特殊的土地资源和生态环境，被誉为"地球之肾"，是自然界最富生物多样性的生态景观和人类最重要的生存环境之一，它与海洋、森林并称为全球三大生态系统。湿地在改善气候、涵养水源、净化水质、保护生物多样性、维持生态平衡等方面具有重要价值。湿地具有较强的生态适应性与自我恢复力，因此比较符合水体韧性重构的理念。因此旧工业厂区水体韧性重构时可以建造适当的湿地系统，以此增加厂区水体和生态韧性，同时起到美化景观的作用。

位于中国天津的临港经济区生态湿地公园，是天津市海河河口地区污染控制与生态恢复项目，如图 5.5 所示。公园具备污水处理、生态恢复和景观休闲三大功能。公园处于临港工业区，通过对工业区内污水和雨水的有效收集，采用国际先进的污水处理生态技术，进行水的景观处理和循环利用，实现污水由"浊"变"清"、由"死"变"活"。

(a)　　　　　　　　　　　　　　　　　(b)

图 5.5　天津临港经济区生态湿地公园
(a) 生态湿地公园鸟瞰图；(b) 湿地公园木栈道

5.2.3.3　设立雨洪管理系统

新建具有自我修复能力的湿地系统是旧工业厂区生态韧性重构的重点，同时对于地表径流，对其收集处理并循环利用也是水体韧性设计的常用手法之一。

韧性的雨洪管理系统是解决水资源缺乏最有效的方法。因为传统的排水系统都是雨污合流制的，雨水和污水同样被视为灾害，第一时间将其转移走以避免发生城市的内涝问题。但实际上，雨水却有着很大的用处，稍经处理就能作为二级用水。为此，多个国家建立了一系列的雨洪管理系统，包括 20 世纪 70 年代起源于北美的最佳管理措施（best management practices，BMPs），90 年代美国在 BMPs 基础上推行的低影响发展（low impact development，LID），同时期在英国发起的维持良性水循环的可持续城市排水系统（sustainable urban drainage system，SUDS），澳大利亚墨尔本作为示范城市开展了水敏感性城市设计（water sensitive urban design，WSUD）的研究等。

其中 LID 技术是现在最完善、使用频率最高的技术。LID 技术是通过运用规划和设计手段模拟自然的水文过程，创造具有功能性的水景观。其目的是控制源头，使雨水自然下渗，减少径流，是一种创新的可持续综合水体韧性管理中的雨洪管理战略。LID 规划和设计的主要策略包括七个要点。

（1）延长径流的通过时间；

（2）维护自然的泄洪通道，并尽量分散径流；

（3）将不透水的区域与排水系统分开，取而代之的是通过透水区域下渗的雨水；

（4）保护能够减慢径流速度、过滤污染物、容易下渗的自然植被和土壤；

（5）引导径流通过有植被覆盖的区域，以过滤径流并回补地下水；

（6）提供小尺度分散式的要素和装置以实现调控目标；

（7）就地处理污染物，或者阻止它们的产生。

美国西雅图新建的盖茨基金会园区，基地旧址是一片有 12 英亩❶受到工业污染的土地。由于其土壤和水体受到工厂排放重金属污染，场地在园区规划前只能作为停车场使用，修复前后的场地如图 5.6 所示。在进行必要的生态修复之后，为了使园区内的水资源能够满足充分管理的需求，使新建后的园区具有水资源的合理配置权力，提高水资源系统韧性，园区内设置了一套完整的雨水收集装置，装置贯穿了整个场地以及建筑表面和内部，是维持场地内复杂生态系统的关键所在。

(a) (b)

图 5.6 盖茨基金会园区新建前后场地对比

（a）园区新建前是一片被工业污染的停车场；（b）新建后园区的总平面图

园区内建筑的屋顶、不产生污染的坚硬地面将近 100% 雨水被收集至中央广场下方的雨水蓄水池，每年可节约高达 20 万加仑❷水。约 84.7 万加仑被抽吸至建筑中作为楼内的用水，71.5 万加仑水直接作为灌溉用水，剩余 22.6 万加仑通过过滤器过滤后，导入场地中心深水池内作为景观用水，部分蒸发进入大气中，另有部分灌溉中心深水池内及周边的植被。这个整体的过程形成了一个完美的循环的系统，对进入场地中的雨水进行收集再利用，在节约资源的同时美化了环境，如图 5.7 所示。

5.2.3.4 创造水文过滤系统

旧工业厂区周边的流域，受工业污染严重。工业生产向河流中倾倒的工业废水及垃圾等，多含有重金属元素，水体依靠自身生态系统很难将其过滤净化。流域覆盖面广阔，仅靠化学方式将其净化作业复杂，耗资巨大。所以通过利用场地高差创造水文过滤系统，能够过滤水中的重金属等污染，使水体能够实现韧性设计。

水文过滤系统的创造则主要针对场地内水体流经区域有高差，同时水体被污染的项目。通过场地天然的高差可以形成不同的层级，而后针对水体的具体污染赋予每个层级不同的修复功能，逐级对水体进行过滤。这种因地制宜的韧性重构方式不仅能够达到修复水体的效果，同时也能够减少场地内重构过程中的土方量，避免了二次破坏。

---

❶ 1 英亩 = 4046.86m²。

❷ 1 加仑（美）= 3.785dm³。

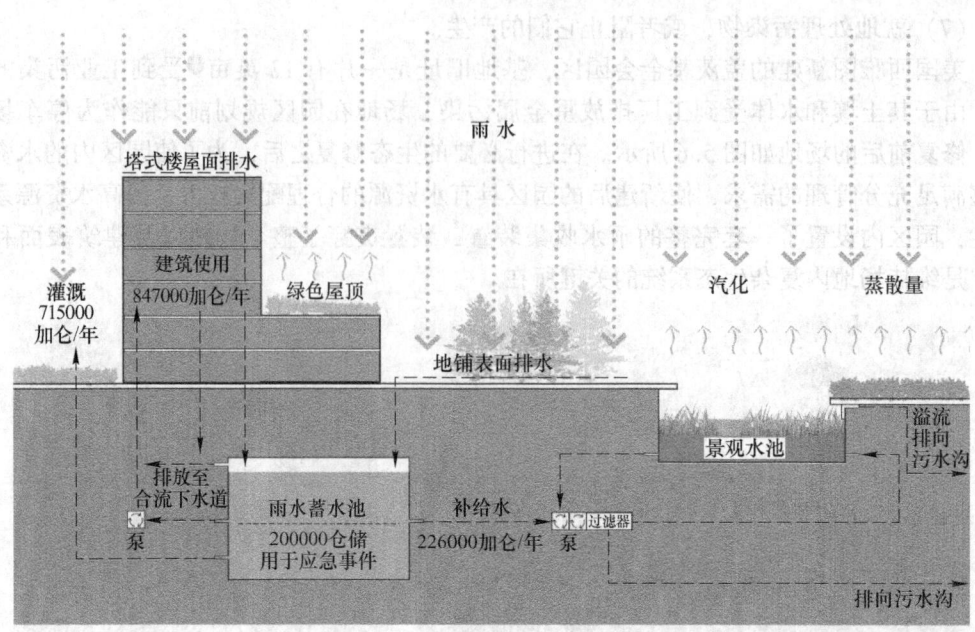

图 5.7　盖茨基金会园区内的雨水收集系统

5.3　土壤韧性重构

5.3.1　土壤韧性重构内涵

土壤韧性重构内涵如下：

（1）土壤保护。土壤是人们赖以生存的基础自然资源，它在农业的发展中提供了关键的物质基础，可以说没有土壤就没有农业的发展，也就没有了人们赖以生存的衣、食等基本原料。由于人口不断增加，人类对食物的需求量越来越大，土壤在人类生活中的作用也越来越大。但随着城乡工业不断发展壮大，"三废"污染越来越严重，并由城市不断向农村蔓延，加之化肥、农药、农膜等物质大量使用，土壤污染在所难免。因此，人们必须更深入地了解土壤，利用和保护土壤。土壤保护是指使土壤免受水力、风力等自然因素和人类不合理生产活动破坏所采取的措施，如土壤盐渍防治、封山育林和水土流失区植树种草等。

（2）土壤重构。土壤重构即重构土壤，是以工矿区破坏土地的土壤恢复或重建为目的，采取适当的采矿和重构技术工艺，应用工程措施及物理、化学、生物、生态措施，重新构造一个适宜的土壤剖面和土壤肥力因素，在较短的时间内恢复和提高重构土壤的生产力，并改善重构土壤的环境质量。土壤重构的目的在于人工构造并改良土壤，土壤重构过程中所用到的材料主要是开采前剥离的表土，但在没有足够的土壤时，也会使用各类成土母质。土壤重构前植被生长的介质、表土对于旧工业厂区植被环境的重构具有重要意义，因此植被生长介质和表土是土壤乃至植被环境重构的第一生产力。

（3）土壤韧性重构。土壤韧性重构是通过科学评估、科学修复、对土壤资源进行详细规划来对其进行资源分配和管理，以保持和提高土地的生产力或服务功能、降低土地的生产风险水平、保持土地资源的潜力和防止土壤与水质的退化、经济上合理可行以及社会整体可以接受为最终目标的一种重构方式。土壤韧性重构的关键思想是要尽可能减少人类资源消耗对土地环境的破坏，使土壤资源维持在一个基本不变的存量或增量状态，其目的是要在发展经济的过程当中兼顾各方利益，最终目标是要达到社会、经济、生态的最佳综合效益。土壤韧性重构的特征包括土壤融合、土壤调节、土壤生产和土壤保护，如图5.8所示。

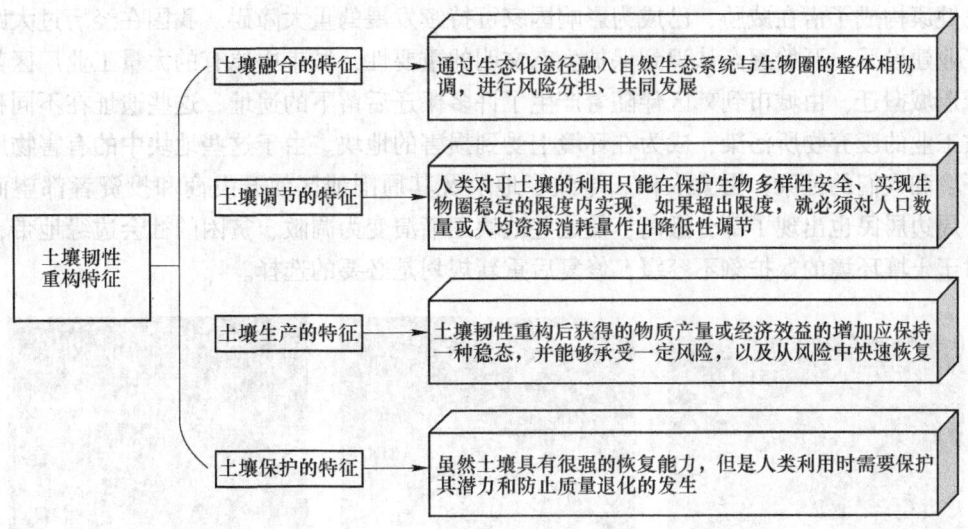

图5.8 土地韧性重构的四个特征

（4）旧工业厂区土壤保护与管理原则。旧工业厂区土壤保护与管理应遵循政策与市场共同运营、多部门合作、法律和法规保障、划定污染场地范围、公众参与及汇总分析等原则，如图5.9所示。

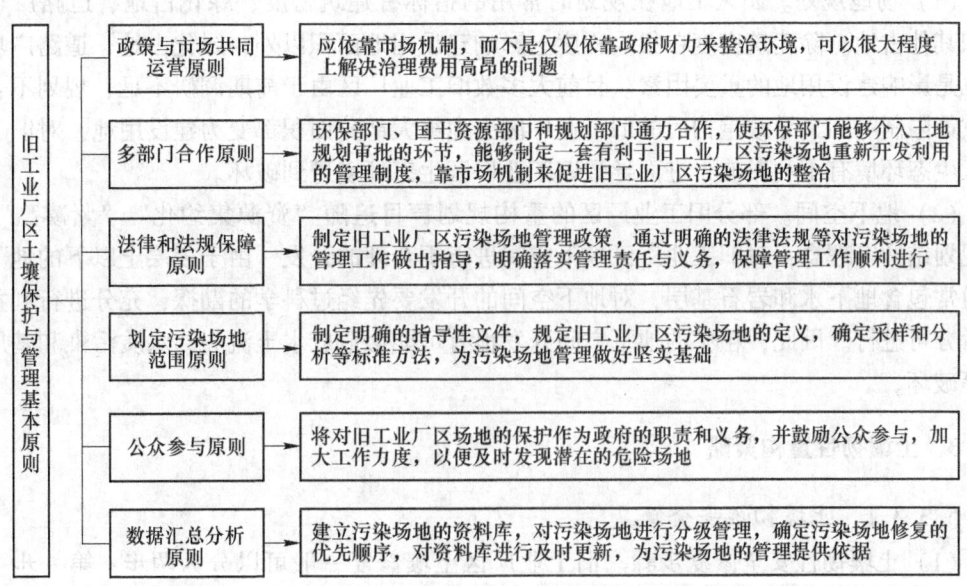

图5.9 旧工业厂区土壤保护与管理原则

5.3.2　土壤韧性问题分析

5.3.2.1　土壤污染问题

土壤污染是一个世界性环境问题。据初步统计，全国至少有1300万~1600万hm²耕地受到农药污染，除农业用地外，由于工业生产活动范围的扩大和程度的加剧，许多工矿区、城市用地也不同程度地存在土壤污染，如图5.10所示。日益严峻的土壤污染形势对国民健康构成了潜在威胁，已成为影响国家可持续发展的重大障碍。我国在经历过大跨步的工业建设后，开始逐渐认识到保护生态文明的重要性，城市中原有的大量工业厂区都面临着退城搬迁，由城市到郊区伴随着产生了许多搬迁后留下的遗址，这些遗址在不同程度上被工业的废弃物所污染，成为在环境上受到损害的地块。由于这些地块中的有害物质危害环境和人们的健康，蚕食农田，导致了地块及其周围地区使开发商和投资者都望而却步，周边居民也出现了部分搬离，使这些地块逐渐演变为凋敝、贫困的社会边缘地带，因此对于土壤环境的保护刻不容缓，修复后重新规划是必要的选择。

　　　　　（a）　　　　　　　　　　　（b）　　　　　　　　　　　（c）

图5.10　土壤污染问题

（a）土地沙漠化；（b）工业污染；（c）生态破坏

5.3.2.2　用地问题

（1）场地规划。园区土地在规划时常用的指标有建筑密度、绿化占地、道路广场占地和其他占地。除建筑密度在很大程度上影响建设用地面积以外，绿化占地、道路广场占地也是影响建设用地的重要因素。目前大多数旧工业厂区由于前期调研不足、规划不合理和政策限制等因素导致重构后的旧工业厂区土地绝大部分面积都变为建设用地，对旧工业厂区生态环境有不利影响，进而导致旧工业厂区生态环境遭到破坏。

（2）地下空间。部分旧工业厂区的重构规划盲目追随"资源集约化""紧凑型"城市规划结构等理念，对旧工业厂区地下空间进行不合理的开发。由于表层土以下的地下土壤通常包含地下水和岩石基层，对地下空间的开发要先经过科学的勘探，充分进行利益评估后方可进行。因此，粗犷的地下空间开发很有可能会造成水土流失、水质污染和基层松动等破坏。

5.3.3　土壤韧性重构策略

5.3.3.1　土壤韧性安全修复

（1）土壤韧性安全修复步骤。旧工业厂区土壤修复一般可以分为两步：第一步，需对污染的土壤进行处理，使其满足再生利用的标准；第二步，对旧工业厂区开发利用时，难以避免地会对原有厂区地貌进行修整，以满足改建后厂区功能的需求。而对周围环境中的土壤进行搬迁或移动，在这个过程中可能会造成一定量的水土流失，甚至是土壤中污染物移动和渗漏，造成地下水二次污染，对人类健康产生巨大危害。因此，有效保护是厂区土壤韧性重构的必要条件。

（2）土壤韧性安全修复方法。根据修复原理的不同，污染土壤修复技术包括物理修复技术、化学修复技术和生物修复技术，见表 5.4。

表 5.4　土壤修复技术

分类	技术名称	适用土壤	典型优缺点	备　注
物理修复技术	热脱附技术	高浓度污染场地的有机物污染土壤的离位或原位修复	处理范围宽、设备可移动、修复后土壤可再利用；但设备价格昂贵、脱附时间过长、处理成本过高	通过直接或间接的热交换，加热土壤中有机污染组分到足够高的温度，使其蒸发并与土壤介质相分离的过程
	土壤蒸气浸提技术	含挥发性有机污染物（VOCs）的土壤	成本低，可操作性强；可采用标准设备，处理有机物的范围宽，不破坏土壤结构和不引起二次污染	将新鲜空气通过注射井注入污染区域，利用真空泵产生负压，空气流经污染区域时，解吸并夹带土壤孔隙中的 VOCs 经由抽取井流回地上；抽取出的气体在地上经过活性炭吸附法以及生物处理法等净化处理，可排放到大气中或重新注入地下循环使用
	超声-微波加热技术	有机物污染的土壤，如石油	成本高	利用超声空化现象所产生的机械效应、热效应和化学效应对污染物进行物理解吸、絮凝沉淀和化学氧化作用，从而使污染物从土壤颗粒上解吸，并在液相中被氧化降解成 CO_2 和 H_2O 或环境易降解的小分子化合物
化学修复技术	固定-稳定化技术	重金属污染土壤和铬渣清理后堆场的修复	成本低，对一些非敏感区的污染土壤可大大降低场地污染治理成本；但是需要设备仪器复杂	将污染物固定在土壤中，使其长期处于稳定状态，防止或降低污染土壤释放有害化学物质的修复技术
	淋洗-浸提技术	重金属污染或多污染物混合污染介质的土壤	可去除土壤中的有机污染物，如 PCBs、油脂类等易于吸附或黏附在土壤中的物质；但是用水较多，需靠近水源	将水或含有冲洗助剂的水溶液、酸/碱溶液、络合剂或表面活性剂等淋洗剂注入污染土壤或沉积物中，洗脱土壤中的污染物
	化学氧化—还原技术	土壤和地下水同时被有机污染物污染	缺点是零价铁还原脱氯降解含氯有机化合物技术的应用，存在诸如铁表面活性的钝化、被土壤吸附产生聚合失效等问题	通过向土壤中投加化学氧化剂或还原剂，使其与污染物发生化学反应来实现净化土壤

分类	技术名称	适用土壤	典型优缺点	备注
化学修复技术	光催化降解技术	被农药等有机污染物污染的土壤	受土壤质地、粒径、氧化铁含量、土壤水分、土壤pH值和土壤厚度因素影响较大	一般适用于突发事故导致的土壤污染的简单处理
	电动力学修复技术	重金属污染或有机物污染的土壤;特别适用于小范围的黏质的可溶性有机物污染土壤的修复,对环境几乎无影响	修复速度较快、成本较低;但是对电荷缺乏的非极性有机污染物去除效果不好,对于不溶性有机污染物,需要化学增溶,易产生二次污染	通过电化学和电动力学的复合作用(电渗、电迁移和电泳等)驱动污染物富集到电极区,再进行集中处理或分离
生物修复技术	植物修复技术	被重金属、农药、石油、持久性有机污染物、炸药和放射性核素污染的土壤	技术成本低、对环境影响小、能使地表长期稳定、可在清除土壤污染的同时清除污染土壤周围的大气和水体中的污染物	利用植物忍耐和超量积累某种或某些化学元素的功能,或利用植物及其根际微生物体系将污染物降解转化为无毒物质的特性,通过植物在生长过程中对环境中的金属元素、有机污染物以及放射性物质等的吸收、降解、过滤和固定等功能来净化环境污染
	微生物修复技术	被有机污染物污染的土壤	周期长,成本高	利用天然存在的或筛选培养的功能微生物群,并在人为优化的适宜环境条件下,促进或强化微生物代谢功能,从而达到降低有毒污染物活性或降解成无毒物质以修复受污染土壤

5.3.3.2 土壤生态治理

生态系统本身就是一个具有庞大分支系统与个体的网络,韧性理论最初也是汲取了生态系统中的一些观念才得以发展至今,所以在对旧工业厂区的土壤污染物修复清除过后,应当恢复厂区土壤所承载的动植物及微生物群落。这些生物在长期的生物适应进化过程中,少数生长在重金属含量较高的土壤中的植物产生了适应重金属胁迫的能力,可以大量吸收金属元素并保存在体内,同时植物仍能正常生长。

利用植物净化被污染的土壤这项技术,实质是利用植物忍耐和超量积累某种或某些化学元素的功能,或利用植物及其根际微生物体系将污染物降解转化为无毒物质的特性,通过植物在生长过程中对环境中的金属元素、有机污染物以及放射性物质等的吸收、降解、过滤和固定等功能来净化环境污染;或者利用天然存在的或筛选培养的功能微生物群,并在人为优化的适宜环境条件下,促进或强化微生物代谢功能,从而达到降低有毒污染物活性或降解成无毒物质。这项技术不仅可以去除土壤中的重金属,改良土壤,同时植物本身就是一种新的生态化健康景观,用生物的动态适应抵抗未知风险,达到增强厂区生态韧性的目的。如图 5.11 所示，利用绿植在改善厂区土壤的同时，起到了很好的绿化作用。

(a)　　　　　　　　　　　　　　　(b)

图 5.11　厂区绿植改善土壤

(a) 厂区草坪种植；(b) 厂区景观植被种植

5.3.3.3　海绵城市的建设

厂区土壤资源利用的另一大价值是对水资源的收集和管理，结合韧性城市中海绵城市的建设，使厂区处于雨洪安全状态内。表 5.5 列举了对于厂区土地资源开发设施功能及其适用性对比，可作为厂区依托土地资源建设海绵城市的参考。

表 5.5　土地资源开发设施功能与适用性对比

技术类型	单项设施	功能					控制目标			用地类型			处置方式		经济性		景观效果
		集蓄利用雨水	补充地下水	削减峰值流量	净化雨水	转输	径流总量	径流峰值	径流污染	道路	绿地与广场	城市水系	分散	相对集中	建造费用	维护费用	
渗透技术	透水砖铺装	△	●	▲	▲	△	●	▲	▲	■	■	◆	√	—	低	低	中
	透水水泥混凝土	△	△	▲	▲	△	◆	◆	◆	▲	▲	◆	√	—	高	中	中
	透水沥青混凝土	△	△	▲	▲	△	▲	▲	▲	▲	▲	◆	√	—	高	中	中
	下沉式绿地	△	●	▲	▲	△	▲	▲	▲	■	■	◆	√	—	低	低	中
	渗透塘	△	●	▲	▲	△	▲	▲	▲	▲	▲	◇	√	√	中	中	中
	渗井	△	●	▲	△	△	▲	▲	△	▲	■	◇	√	√	低	低	中
储存技术	湿塘	●	△	▲	▲	▲	▲	▲	▲	■	■	■	—	√	高	中	好
	雨水湿地	●	△	●	●	▲	●	▲	●	■	■	■	√	√	高	中	好
	蓄水池	●	△	▲	▲	△	▲	▲	◇	◆	◇	◆	—	√	高	中	中
	雨水塘	△	●	▲	▲	△	▲	▲	▲	◆	◆	◇	√	—	低	低	中
调节技术	调节塘	△	△	●	▲	△	△	●	▲	◆	■	◆	—	√	高	中	中
	调节池	△	△	●	△	△	△	●	△	◆	◆	◇	—	√	高	中	中

技术类型	单项设施	功能					控制目标			用地类型			处置方式		经济性		景观效果
		集蓄利用雨水	补充地下水	削减峰值流量	净化雨水	转输	径流总量	径流峰值	径流污染	道路	绿地与广场	城市水系	分散	相对集中	建造费用	维护费用	
转输技术	转输型植草沟	▲	△	△	▲	●	▲	△	▲	■	■	◆	√	—	低	低	中
	干式植草沟	△	●	△	●	●	●	▲	▲	■	■	◆	√	—	低	低	好
	湿式植草沟	△	△	△	●	●	●	▲	●	■	■	◆	√	—	中	低	好
	渗管/渠	△	▲	△	▲	●	▲	△	▲	■	■	◆	√	—	中	中	中
截污净化技术	植被缓冲带	△	△	△	●	—	●	△	●	■	■	■	√	—	低	低	中
	初期雨水弃流设施	▲	△	△	●	●	●	△	●	◆	◆	◆	√	—	低	中	中
	人工土壤渗滤	●	△	△	●	△	●	△	●	◇	△	◆	—	√	高	中	好
说明		●—强；▲—较强；△—弱或很小；■—宜选用；◆—可选用；◇—不宜选用															

5.4　植被景观韧性重构

5.4.1　植被景观韧性重构内涵

5.4.1.1　植被保护与恢复

植物保护是综合利用多学科知识，以经济、科学的方法，保护人类目标植物免受生物危害，提高植物生产投入的回报，维护人类的物质利益和环境利益的实用科学。植被恢复是指在植被退化或无植被地区恢复原有植被群落或引进植被改善环境的过程。自然恢复和生态恢复是比较科学的植被恢复方法。

生态学所指植被恢复是指运用生态学原理，通过保护现有植被、封山育林或营造人工林、灌、草植被，修复或重建被毁坏或被破坏的森林和其他自然生态系统，恢复其生物多样性及其生态系统功能。它既是一种治理手段，同时也是治理的过程和目的。

5.4.1.2　植被景观重构

植被景观重构是运用各种园林植物，通过科学的、艺术的和技术的手法，充分发挥植被的生物学特征及其形体、线条、色彩等美学特征来创作植物景观，使园林在满足人们使用功能的同时实现最佳的生态的、景观的、文化的及社会的综合效益。

5.4.1.3　植被景观韧性重构

植被景观韧性重构是指将韧性城市的理念融入植被景观的规划中，将植被景观空间的概念扩展到城市生态系统，并长期跟踪植被景观的变化，致力于帮助重构后的旧工业厂区建立起经受不利因素干扰仍能保持其功能状态的适应性。

旧工业厂区植被景观韧性重构应该主要从三个方面入手：首先要形成韧性的规划思维模式，其次是选择相应的韧性实施技术，最后是建立韧性管理体系。这三个方面可以形成相互支撑的韧性循环体系，如图5.12所示。

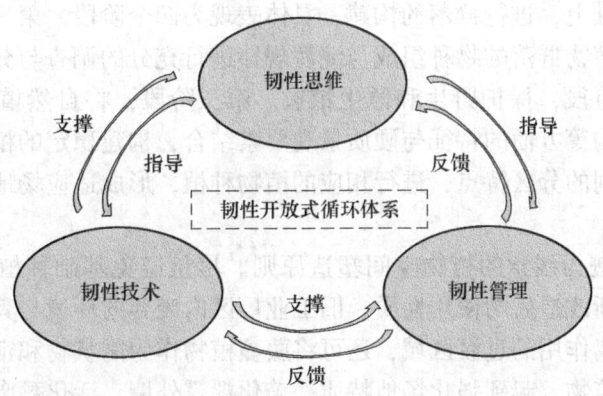

图5.12　韧性开放式循环体系

将韧性城市相关的理论支撑与技术方法相结合并应用到旧工业厂区植被景观的规划设计中，主要包括整合思维，综合规划；情景思维，创设多元功能；识别风险，选择适应性的韧性技术作为支撑以及建立动态适应性的韧性管理机制四个方面，见表5.6。韧性城市视角下的植被景观规划需要充分挖掘旧工业厂区植被景观在不同维度的韧性潜力，使其具备更综合的适应力。

表5.6　韧性理论与技术方法相结合应用于植被景观韧性重构的四个方面

方　面	内　涵
整合思维，综合性规划	城市内部各类要素联系密切，韧性重构应以生态保护作为规划的出发点，以城市内部各种要素的生态、社会、经济方面的联系为基础，将城市景观与周边环境和相关基质建立起充分的联系，将系统内部物质的循环、能量的流动以及信息的传递等串联成完善的网络空间结构
情景思维，创设多元功能	运用韧性的理念指导情景思维方式，设置多重目标，在规划设计前期估测未来的发展方向，设置相应的保护防护设施，满足厂区发展可能会面临的多重情景的需求
识别风险，适应性韧性技术支撑	适应性韧性技术支撑的基础是针对性的风险识别，要充分认识和了解场地所处地区的潜在干扰与冲击，将相应的韧性技术与植被景观融合，同时要在保护生态与开发建设的矛盾中取得平衡，从而优化旧工业厂区植被景观的规划设计质量，提升其韧性
建立动态适应性的管理机制	建立动态适应性的管理机制主要包含以下三个方面：第一，要时刻关注厂区内部植被景观的情景反馈，及时制定实施相应的规划指导并保证长期的科学管理与控制；第二，要加强公众科普教育与学习，加强人与自然、社会的互动；第三，要提高系统自身的学习反思能力，以形成具备自组织力的韧性植被景观系统

5.4.1.4　韧性重构原则

（1）以乡土植物为主的选材原则。乡土植物是产生或起源于当地的植物，其存在是漫长自然选择的结果。与外来植物相比，乡土植物在生态适应性、经济性和管理上具有较大的优势。以乡土植物为主的群落，还能有效避免外来植物的入侵；某些具有特殊的生态功能的乡土植物，对极端环境条件具有较强的耐受能力，能够吸附、富集甚至转化某些污染物，对环境具有一定的修复作用。

（2）以生物环境为基础的群落构建原则。旧工业厂区植被韧性规划要求在把握场地环境本质特征的基础上，进行群落的构建，具体表现为四个阶段。第一阶段，对场地的生物环境状况和野生植物群落的物种组成与演替规律进行充分的调查与分析，作为植物景观设计的依据。第二阶段，保护野生和原生植被。第三阶段，将自然植物群落在组成、外貌、季相、群落结构等方面的特征与硬质景观要素结合，构建稳定的植物群落景观。第四阶段，根据总体规划的分区特点，进行相应的植物种植，形成适应场地环境条件的植物景观模式。

（3）以工业遗迹为线索的植物空间塑造原则。尽量避免基础种植，建筑周围的植物配置要考虑建筑更新改造后的使用性质。旧工业厂区内废弃的环境与其周围的野生自然植被区之间应有起隔离作用的过渡区域，还可将藤蔓植物作为网状物和帘幕装饰原有的工业设施、构筑物和建筑物，起到强化场地特质、美化裸露外墙、活化颓废景观的作用。

旧工业厂区建筑物功能置换后其周围的植物景观种植要考虑气候，控制植物的配置方式，使厂区内生态环境功能方面具有较高的复合性，在面临风险时有较强的抵抗能力以及被破坏后有较高的恢复能力，如图 5.13 所示。

(a)　　　　　　　　　　　　　　　　　　(b)

图 5.13　植物景观与工业遗迹

(a) 植物景观与水体结合；(b) 植物景观与建筑灰空间结合

5.4.2　植被景观韧性问题分析

（1）动物、植物等生物因素受到破坏。工业生产产生的垃圾往往含有一些矿物质、重金属或者其他的有毒物质，因此会破坏植物的生态系统，导致土壤的营养缺失，水分涵养下降。城市工业废旧环境不是脱离其周围环境而存在的单一的生态系统，因此这些生态系统的破坏定会影响到周围环境的生态格局。很多工厂通过河床来排污和当作堆场阻碍行洪，由于土壤、水、植物的生态系统是互相影响的，只要一方系统受到破坏，则一定会影响到和它相关的生态系统。

（2）生态系统循环过程受到影响。废旧的旧工业厂区环境由于工业生产所产生的垃圾，其内部以及周边的土壤、水体以及植物这些自然系统遭到破坏，因此整个循环生态系统就会遭到破坏。植物生态系统的退化，也间接地影响了动物的生物多样性，因此动植物会越来越少，破败的厂区环境如图 5.14 所示。当然也会出现一些特殊情况，一些废旧环境受污染的土壤会出现一些能改善其土壤结构和营养物质的微生物，最终恢复土壤的生态系统。因此，土壤的生态系统被恢复以后，一些新的适合场地条件的植物群落也会出现，而且会吸引一些野生的动物，这样久而久之就会形成一个新的生态平衡。

(a)　　　　　　　　　　　　　(b)

图 5.14　破败的厂区环境

(a) 废弃后的厂区杂草丛生；(b) 废弃后的厂区生态风貌

（3）开发模式较为单一。旧工业厂区在开发新建之初，为了将企业效益和生产效率最大化，均不会将厂区内的植被景观设计作为首要考虑对象。通常旧工业厂区只会在入口大门处或者办公区域布置装饰性的植被景观，不恰当的尺度显然没有考虑到以人为本的原则，如图 5.15 所示。

(a)　　　　　　　　　　　　　(b)

图 5.15　旧工业厂区景观开发模式较为单一

(a) 厂房前单一的绿化；(b) 厂区大门前景观活力缺失

（4）景观要素孤立、无序。旧工业厂区内的工业景观要素多以碎片化的形式展现，由于需要必要的物料堆放、物流运输场地，因此规划初期植被景观多以建筑周边为主，其余的均布置成了硬质铺装。碎片化的工业景观不能完整表达场所的精神内涵，只是作为满足绿地率而存在，而且彼此之间缺乏联系，使植被景观之间均是孤立、无序的存在。

（5）景观场所活力缺乏。通过对重构前的旧工业厂区调查研究发现，旧工业厂区植被景观规划设计大部分为人不可进入、不能互动，并且没有可供观赏、停留、游戏的空间，因此导致厂区内的景观场所活力十分低下，与重构后的韧性理念中多功能性是不相符合的。生态韧性的规划理念要求绿地景观要在时间维度和空间维度上具有可变性，能够达到灵活冗余适灾应灾，这样才能为重构后的旧工业厂区提供韧性空间。

通过植被景观的以上生态特征可以发现，植被、土壤、水体、空气等都属于厂区生态环境的组成部分，各部分之间互相紧密联系；并且多维联系、多功能、具有活力的植被景观空间才能更好地为旧工业厂区韧性建设提供支持。因此，构建稳定且具有韧性的厂区生态环境，对于其的保护开发、资源的合理配置必不可少。

5.4.3　植被景观韧性重构策略

5.4.3.1　植被恢复

植被恢复技术包括修复、栽种和微生物技术等，它们扮演着旧工业厂区中"清洁剂"的角色。

（1）植物修复。植物修复是指通过结合水体修复和土壤修复，将重新规划后的旧工业厂区裸露土地覆盖植被景观，并且将旧工业厂区内杂乱的野生植被进行清理、重新种植。

（2）植被栽种。植被栽种是指通过栽种新的植物来吸收、吸附、转化与土壤中的细菌、真菌等共同联系，加速土壤中污染物的降解速度，形成土壤—植物—微生物系统。栽种技术包括植被栽种与养护两种，并在土壤的形成上起着重要的作用。在不同的气候与地域特征的条件下，各种植被类型与土壤间也呈现出密切的关系，见表5.7。在植被恢复方面，还应具体问题具体分析。

表 5.7　辽宁西北部植被与土壤性质关系总结

一类名称	二类名称	荒草地	油松纯林	弃耕林	樟子松	山杏	榆树疏林	杨松混交林	杨树纯林
物理因素	土壤容重	2	1	3	4	5	6	7	8
	最大持水量	5	8	3	6	1	2	4	7
	毛管持水量	6	8	4	1	2	3	5	7
	田间持水量	5	8	2	6	1	3	4	7
化学因素	有机质含量	8	2	1	4	3	7	6	5
	全磷含量	4	6	3	2	7	5	8	1
	全钾含量	5	6	3	4	1	8	2	7
水分因素	0~40cm	4	2	6	3	8	5	7	1
	40~100cm	5	7	3	8	1	2	4	6
	100~200cm	4	8	7	5	2	3	6	1

注：顺序从大到小排列 1>2>3>4>5>6>7>8。

（3）微生物恢复。对于微生物恢复技术主要针对该地区原有的生物群落，从而消除或减少污染。微生物的净化主要是能参与重金属转化，或通过吸附将其固定于自身的细胞之中，从而达到净化的结果。

5.4.3.2　种类选择

在旧工业厂区植被韧性重构的初始阶段，植物的选择至关重要。有些植物可适应恶劣的环境，如干旱地、盐碱地、含重金属离子的土壤或矿渣矿石等介质；有些植物可吸收污水或土壤中的有害物质，处理污染；有些植物对环境具有监测作用，可以用来建造景观和辅助科学研究。同时，还有一些特殊的植物类型，如岩生植物、观赏草、芳香植物等，它们一方面有较强的生存能力，能够很快适应并改善环境；另一方面，有很好的姿、色、形，具有美化环境的作用。在废弃后的旧工业厂区植物造景中，可以利用不同的植物特点因地制宜进行配置。根据旧工业厂区植被韧性重构的原则，植物种类选择时应遵循如下原则。

（1）选择适应栽植地段立地条件的适生种类，主要是生长快、适应性强、抗逆性好、成活率高的植物。

（2）优先选择具有改良土壤能力的固氮植物。

（3）优先选择当地优良的乡土植物，选择植物种类时要考虑到植物的综合效益，包括抗旱、耐湿、抗污染、抗风沙、耐瘠薄、抗病虫害以及具有的经济价值。乡土植物是当地经过生态演化后筛选下来的对当地地形和气候环境具有较强适应性的植物，乡土植物能够更好地适应当地环境，并且在风险来临时能够具有较强的抵御能力。

5.4.3.3 特色种植

A 再利用场地中自然再生的植被

场地中自然再生的植被是物种竞争、适应环境的结果，有些植被在旧工业厂区废弃后会随着自然土壤而变迁成长，可对其自然再生的植被进行再利用。一方面，它能够吸引野生动物的栖息，重新建立起场地中新的生态平衡，加强场地中生态系统的韧性；另一方面，植被自身就具有场地特征的价值。因此，在旧工业厂区的植被韧性重构中，保护场地上的野生植物可以创造出与常规园林不同的景观特质。但有些污染较为严重的土地，也需要相应的人为干预。德国的北杜伊斯堡风景公园，如图 5.16 所示，是德国废弃地更新改造与开敞空间建设的典范；该公园具有世界性的影响，公园的植物再生与造景也是颇具特色的。工厂在废置期间，在荒无人烟的地方以及废弃污染物的表面繁衍出大量的植被，设计师对待这些野生植被的态度体现了工业废弃地上种植设计的新策略。

(a)   (b)

图 5.16 德国的北杜伊斯堡风景公园
(a) 公园内种植的树木；(b) 公园内的广场景观设计

B 植被屏障

植被由于其本身的特性，具有可以净化空气、阻挡污染物传播的能力，这对于需要提高防灾韧性的旧工业厂区具有显著作用。在旧工业厂区中建立植被生态屏障，从植被的选择和种植策略等方面全面加强旧工业厂区韧性防灾的能力。

旧工业厂区在火势来临时往往会产生大量有害气体，在植被的选择上可以种植对污染颗粒有较强吸附作用的树种（比如二球悬铃木、三角槭、雪松等），这些植被的种植不仅在灾时具有切断空气传播链的能力，在平时也可以净化厂区空气，对旧工业厂区中空气质量的提升有显著的帮助。在种植方面要遵循安全优先、美观适宜的原则，将植被优先考虑种植在人流量较大或者已发生空气污染安全隐患的区域，并结合整体的规划要求，对旧工业厂区内景观品质综合进行提升。

坐落于加拿大的布查特花园（Butchart garden）是在废弃的石矿坑上建成的，自 1904 年改造以来，先后引入了大量的观赏草类与花卉。花园分为四个园区：一是利用矿坑改造的新境花园，二是模仿古罗马宫苑设计的意大利式花园，三是运用小桥、流水等造景的日式花园，四是英式的玫瑰园，运用大量的玫瑰造景。花园占地面积约 12 公顷，每个园区都运用了大量的植被来营造景观，并且在植被种类的选择上均选择对园区内空气有净化作用的植被，同时大面积、聚集式的种植结合水体也具有良好的阻止火势蔓延的能力，提高了园区的防灾韧性，如图 5.17 所示。

(a)　　　　　　　　　　　　　　　　　　(b)

图 5.17　加拿大的布查特花园
(a) 花园内集中布景；(b) 花园内的小径

植物特色种植是植被韧性重构中重要的手段和方式，它是联系土壤与旧工业厂区关系的纽带，是旧工业厂区生态韧性重构的重要一环。

5.5　空气质量韧性重构

5.5.1　空气质量韧性重构内涵

（1）空气质量保护。空气质量的好坏反映了空气受污染的程度，受污染的空气被人吸入体内会造成各种疾病，威胁人类健康，健康清洁的空气不仅对人体生理能力产生积极影响，同时也会使人心理变得轻松愉悦。但由于人类的活动，比如交通工具尾气排放、工业污染、生活取暖、垃圾焚烧等，会对空气质量产生不利影响，使空气质量下降，如图 5.18 所示。除此之外，还有地形地貌和气象等也是影响空气质量的重要因素。想要拥有健康的空气质量环境光靠生态环境的自我净化是远远不够的，还需要采取一系列人工手段对已被污染的空气进行重构，并且使其保持质量的优良状态。

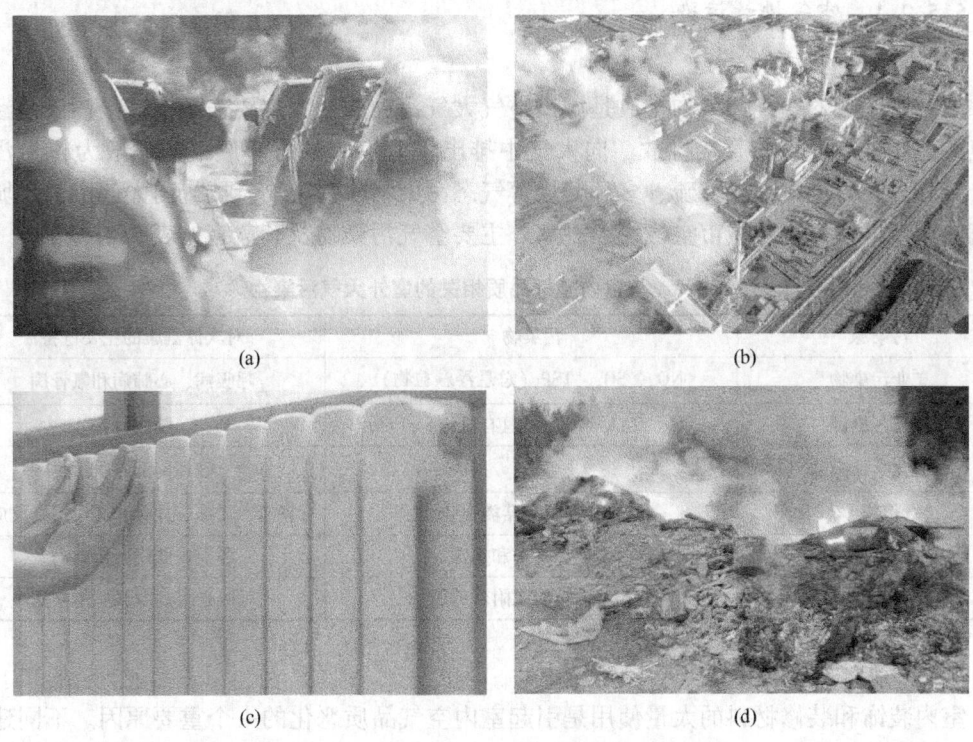

图 5.18　人类活动对空气质量产生不利影响
（a）尾气排放；（b）工业污染；（c）生活取暖；（d）垃圾焚烧

（2）空气质量重构。空气质量重构就是用人工的手段将空气质量恢复并保持至健康水平。旧工业厂区由于长期工业生产导致其成为区域空气的污染源，不仅体现在直接排出的工业废气上，还体现在被污染的水体和土壤的挥发作用上。空气质量重构需要先将污染源清除，再使用通风系统和净化系统来将旧工业厂区内空气保持清洁、健康。但是这种做法对于抵御空气污染风险效果欠佳，韧性城市中注重对不确定风险的抵抗，旧工业厂区的空气质量不仅需要长期保持优良，同时还需要能够抵御污染和突发事件带来的威胁。

（3）空气质量韧性重构。旧工业厂区的空气质量随时会接受到来自各种因素的冲击，比如来自大气层中的污染物，来自厂区内部污染源的泄漏等，因此旧工业厂区在改建投入使用后不仅需要清洁舒适的空气环境，还需要一定的空气自我净化的能力，以抵抗来自外部各种不确定的扰动，并且还需要在经受扰动中有一定的学习和不断演进的能力，这便是旧工业厂区空气质量韧性重构的内涵。

厂区中的空气质量韧性的重构规划不仅仅需要物质基础，还需要厂区完善的管理制度以及应急响应机制，避免在灾难时空气成为传播危险的媒介。物质基础需要完善的生态系统环境、良好的厂区空间组合、现代化的技术设备来实现，同时厂区内还应制定相应的应急响应预案来最大限度地降低灾难对人民财产的损害。

5.5.2 空气质量韧性问题分析

5.5.2.1 空气排放污染

A 室外空气污染

旧工业厂区的空气污染物排放是城市空气大气污染的一大主要来源。直接污染是经过工业烟囱或排烟设施或直接排放，向大气中排出工业生产的有害废气，一般为粉尘污染物、含有害气体如氟、氮、硫、多环芳烃等气态污染物，污染物直接排向大气中，随城市气流向城市扩散，造成城市空气污染。室外主要空气污染物及其危害见表5.8。

表5.8 与室内空气品质相关的室外大气污染物

污染源	污染物	对人体健康的主要危害
工业污染物	NO_x、SO_x、TSP（总悬浮颗粒物）	呼吸病、心肺病和氟骨病
交通污染源	CO、HC（碳氢有机物）	脑血管
光化学反应	O_3	破坏深部呼吸道
植物	花粉、孢子和萜类化合物	哮喘、皮疹、皮炎和其他过敏反应
环境中微生物	细菌、真菌和病毒	各类皮肤病、传染病
灰尘	各种颗粒物及附着的菌	呼吸道疾病及某些传染病

B 装饰材料污染

室内装饰和装修材料的大量使用是引起室内空气品质恶化的一个重要原因。不同建材排放的污染物见表5.9。

表5.9 不同建材排放的污染物

室内污染物	建 材 名 称
甲醛	酚醛树脂、脲醛树脂、三聚氰胺树脂、涂料（含聚类消毒、防腐剂水性涂料）、复合木料（纤维板、刨花板、大芯板等各种贴面板、密度板）、壁纸、壁布、家具、人造地毯、泡沫塑料、胶黏剂、市售903胶107胶等
除甲醛外的其他 VOC	涂料中的溶剂、稀释剂、胶黏剂、防水材料、壁纸和其他装饰品
氨	高碱混凝土膨胀剂-水泥加快强度剂（含尿素混凝土防冻剂）
氡气	土壤岩石中铀、钍、镭、钾的衰败产物，花岗岩、砖石、水泥、建筑陶瓷和卫生洁具

C 空调系统

暖通空调系统和室内空气品质密切相关，合理的空调系统应用及其管理能够大大改善室内空气品质；反之，也可能产生和加重室内空气污染。

(1) 新风口。新风入口选址靠近室外污染比较严重的地方，新风入口离排风口太近，发生排风被吸入的短路现象。

(2) 混合间。新、回、排风三股气流交汇，如果该空间受到污染或者有关阀门气密性不好，压力分布不合理，将直接影响室内送风的空气品质。

(3) 过滤器。过滤器存在堵塞、缺口、密闭性差和穿透率高等问题，都可能造成在滤材上积累大量菌尘微粒，在空调的暖湿气流作用下非常容易生长繁殖并随着气流带入室内造成污染。如果不恰当地选择过滤器面积、风速，不及时清洗或更换过滤器，则会造成污染源扩散，严重影响室内空气品质。

（4）盘管。盘管可分为热冷合用与分用两种形式。除湿盘管及前后连接风道受到污染、迎风面风速过大引起夹带水珠等均可造成室内空气品质问题。

（5）表冷器托盘。如果托盘中的水不能及时排走，或不能及时清洗消毒，一些病菌就会滋生并繁衍，从而进入室内造成室内空气品质下降。

（6）送风机。风机叶片表面受到污染、风机皮带轮磨损脱落都会造成空气污染。另外风机电动机因为轴承等问题造成过热，亦会产生异味，随送风传入室内，影响室内空气品质。

（7）加湿器。一些加湿器周围温度和湿度都很适合微生物的繁衍生长，微生物随送风进入室内，造成室内生物污染。

（8）风道系统。由于风道内表面不清洁，消声器的吸声材料多为多孔材料，容易造成微生物在其表面聚积、繁殖和扩散，并随空气通过风道后进入室内，造成室内空气污染。另外，由于回风的大量使用可能造成污染扩散，影响室内空气品质。

D 家具和办公用品

家具和办公用品也是室内污染的一个主要污染源。家具所使用的有机漆和一些人工木料（如大芯板），通常会释放一些有机挥发物如甲醛、苯等；打印机、复印机散发的有害颗粒也会威胁人体健康；而目前电脑使用过程中，也会散发多种有害气体，降低人的工作效率。

5.5.2.2 污染源未根除

旧工业厂区在废弃前生产过程中常常会对厂区内的水体和土壤造成污染，污染物排放至自然环境中很难通过自然降解来恢复至健康水平。这些污染主要是工业生产过程中对水体的污染，以及对土壤的重金属污染等，前者会使水体富营养化导致水体发出阵阵恶臭，影响周围居民健康，而后者对土壤的污染会在雨天及雪天随着水的气化向空气中传播有害物质。在旧工业厂区被废弃后，虽然工业生产活动已经停止，但是污染物仍然存在于土壤等厂区内的生态环境中，因此其仍然会对旧工业厂区及其周边区域带来健康隐患。

5.5.2.3 居民观念排斥

旧工业厂区虽然经过工业生产已经废弃，不再继续排出危害周边居民安全的污染物，但民众受到往年历史的观念影响，会对旧工业厂区及其周边区域存在排斥心理，继而会影响到民众对于其空气质量的担忧。以上因素会造成民众对区域空气质量环境印象变差，进一步影响到开发商及政府的投资热情，从而使废弃后的旧工业厂区及其周边区域变为城市消极空间。

5.5.2.4 建筑群体布局与单体的影响

尽管在旧工业厂区新建之初会考虑到厂区内建筑群体的布局对厂区内部风场的影响，但是废弃后的旧工业厂区在建筑群体布局上可能会有所改变，因此在进行旧工业厂区内的空气质量韧性重构时，应先借助科技手段评估厂区内现有建筑群体对自然通风的影响，根据结果来判断是否有利于空气质量的韧性重构。不只是建筑群体的布局，既有建筑的开窗方式及内部通风系统的设计也会影响到旧工业厂区内空气的流通，也应当予以考虑。

5.5.3 空气质量韧性重构策略

5.5.3.1 污染源的控制

在室内如果避免使用污染物释放严重的建筑材料或物品，则室内空气污染物能从根本上杜绝，这是最理想的室内空气污染物控制方法。但是在现代工业中，完全不使用没有污染物的建材是不可能的，应尽可能选用低浓度污染物建材或者在建材生产过程中采取措施减少污染物散发等控制污染源。主要有三种措施：

（1）减少释放污染物严重的建筑材料的使用；

（2）在生产过程中采取措施减少建材使用后的污染物散发；

（3）在建筑设计过程中采取措施降低建材使用后的污染物散发。

5.5.3.2 通风设计

城市风环境主要依靠地表接收不均匀的太阳辐射形成温度差，温度差产生的热压力差引起空气流动。在旧工业厂区重构时，为了促进厂区地表空气流动，需要充分利用地形、地表植被、水体覆盖物影响要素，结合地形条件选择合理的建筑群体布局方式。从宏观角度控制用地结构布局、道路网体系和建筑形态指标，如建筑高度和密度，规划塑造足够的开放空间，从而有利于自然风的通行。从中微观角度控制建筑群体组合形态，如建筑体量、建筑间距，提升组团尺度应对空气污染扰动的韧性抵抗与恢复能力，图5.19列举了空气质量韧性重构导向下建筑布局与体量的优化方式。

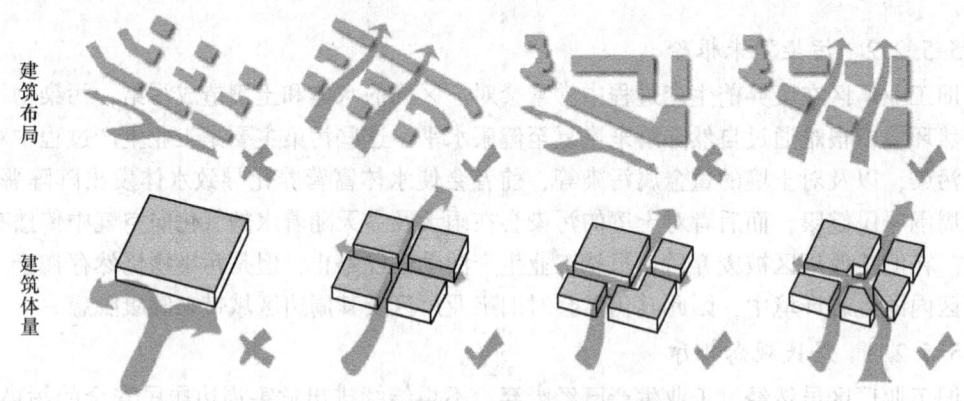

图 5.19 韧性重构导向下的建筑布局与体量优化

空气的流动是因为压力差的存在。当建筑通风口或两侧存在压力差时，空气就会从压力较高的一侧流向压力较低的一侧，从而形成自然通风。按照其通风形成的机理，可将其分为热压通风、风压通风以及热压和风压共同作用通风。

（1）热压通风。热压通风是通过调节空气温度使空气密度产生差异，在地球重力的作用下，使高温空气向上运动，低温空气向下运动。当建筑空间的内部空气温度升高时，空气体积膨胀，密度变小而自然上升；室外空气温度相对较低，密度较大，便由外围护结构下部的门窗洞口进入室内，加速了室内热空气的流动，新鲜空气不断进入室内，污浊空气不断排出，如此循环，达到自然通风的目的。在旧工业厂区绿色重构过程中，进行建筑改造设计时，应尽量提高高侧窗（或天窗）的位置，降低低侧窗的位置，以增加进排风口的高差，提高自然通风效率。

（2）风压通风。当风吹向建筑物时，在建筑迎风面上，由于空气流动受阻，速度减小，使风的部分动能转变为静压，从而使建筑物迎风面上的压力大于大气压，形成正压区。在建筑物的背面、屋顶及两侧，由于气流的旋绕，根据单位时间流量相等的原理，则风速加大，使这些面上的压力小于大气压，形成负压区。如果在建筑物的正、负压区都设有门窗口，气流就会从正压区流向室内，再从室内流向负压区，从而形成室内空气的流动，也就是风压通风。在旧工业建筑改建过程中，尽量在常年风向的区位上迎风面和背风面布置门窗，合理利用风压通风。

（3）热压和风压共同作用通风。一般情况下，建筑的自然通风是由热压和风压共同作用的，只要室内外温度存在一定的差值，进排风口存在一定的高度差，建筑就存在热压通风。当风吹向建筑时，自然通风的气流状况比较复杂。在建筑的迎风面的下部进风口和背风面的上部排风口，热压和风压的作用方向一致时，其进风量和排风量比热压单独作用时要大。在厂房迎风面的上部排风口和背风面的下部进风口，热压和风压作用方向相反时，其排风量和进风量比热压单独作用时小。

5.5.3.3　建筑功能优化设计

建筑是旧工业厂区内人员停留时间最长的区域，因此建筑的功能优化对旧工业厂区空气质量韧性重构起到至关重要的作用。旧工业单体建筑大部分建设年代较为久远，建筑结构和构件均存在不同程度的破损，因此需要针对其特点进行相应的优化，见表5.10。

表5.10　建筑功能优化设计

优化设计方法	内　　涵
平面组合	房间排布尽量使用自然采光通风，门窗对位
地面改造	修复防潮层
墙体改造	对破损部位进行修缮，根据功能需要修复热工性能
屋顶改造	修复屋顶防水层，增设保温隔热屋顶

5.5.3.4　提升绿色基础设施的韧性功能

旧工业厂区的绿色基础设施包括生物栖息地、小范围绿化公园、林荫路等组成部分，是应对各种生态扰动均发挥重要作用的韧性因子，绿地率、植被种类、植被种植密度、水体面积等多个因子都直接反映了绿色基础设施对于生态扰动下的抵抗和恢复能力，也在一定程度上保持了空气和水资源的洁净，有利于塑造健康的旧工业厂区生活空间。在不影响旧工业厂区必要通风的前提下，科学合理的绿地规划与植被种植设计可以有效覆盖裸露地表，吸收、吸附有害气体和悬浮颗粒物，尤其是在污染严重的地区，绿化的防护作用更大，是提升既有旧工业厂区整体以及局部街区生态韧性的关键性因子。

基于空间规划的系统思考，应该探讨增加旧工业厂区开放空间的规模和分布，增加厂区的绿化覆盖率。针对当前旧工业厂区建筑规模与布局已大致确定的情况，应当充分利用成熟的手段，采取屋顶花园、垂直绿化、口袋公园、林荫带等微环境重构措施，如图5.20所示。营建立体复合的绿色开放空间，将宏观城市尺度的公园与绿色廊道延续。

5.5.3.5　拓展绿色交通模式的示范效应

绿色交通是城市道路交通系统的核心发展理念，包含公交优先、慢行交通、立体交

图 5.20　绿色基础设施
（a）屋顶绿化；（b）垂直绿化；（c）口袋公园；（d）林荫带

通、智能交通等一系列有效措施。基于应对旧工业厂区空气污染的韧性提升目标，应拓展绿色交通概念的外延，将其视为旧工业厂区内健康生活方式的基本理念。绿色、通达的厂区内部交通网络，不仅能在日常营造良好的厂区交通环境，同时面对生态扰动冲击时也能起到抑制和减缓作用。在旧工业厂区内营建以步行为主的开放式路径网络，积极采用智慧交通措施，如无人驾驶摆渡车、无人售卖车、消毒机器人、智能网联安防巡逻车等。通过合理组织，实现城市交通与重构后的旧工业厂区内交通接驳。

5.5.3.6　强化智慧城市的科学管理效能

应对旧工业厂区空气污染的韧性优化措施可以分为工程和非工程两部分，其中非工程措施主要依托于旧工业厂区内部的系统管理与自治等。富有韧性的旧工业厂区可通过自组织与资源配置，主动适应外界的空气质量变化，而采取有效的措施保证旧工业厂区的正常运作。工程措施则是指利用智能设施与信息平台实现智慧化的扰动检测与预警，依托物联网与大数据技术，构建应对空气污染扰动的评价与预警、应急反应、反馈修复的全周期智慧管理机制。及时发现空气污染的扰动程度，制定预警等级与相应对策。同时，明确组织机构与人员职责，加强专业人员与居民的日常性培训，提升旧工业厂区生活人员的韧性意识，促使民众在面临扰动时可以快速科学的应对。

6 旧工业厂区绿色重构社会韧性分析

6.1 社会韧性重构基础

6.1.1 社会韧性重构内涵

社会韧性是指社会结构在遭遇破坏性力量时所能维持有序运行的弹性调整能力，也可以看作是社会系统面对外界不确定性或扰动时恢复平衡状态的能力，涉及生活、经济、文化等方面。社会稳定性的干扰因素包括自然风险和人为风险，自然风险包括地震、洪灾、台风等，人为风险包括武装袭击、疾病传播、环境污染等。

旧工业厂区绿色重构时，应考虑对各种可能存在的风险做出有效的应对策略，更全面和深入地为整个城市的韧性建构发挥作用。旧工业厂区社会韧性重构是指通过调研、分析、优化和设计，使得旧工业厂区社会韧性系统具有在外界压力冲击下，仍能保持其原有结构与功能，具备自适应与持续稳定的能力；在遭受外界冲击后能够进行自我调整与恢复，包括前期预防、应急处理与后期自我修复，如图 6.1 所示。

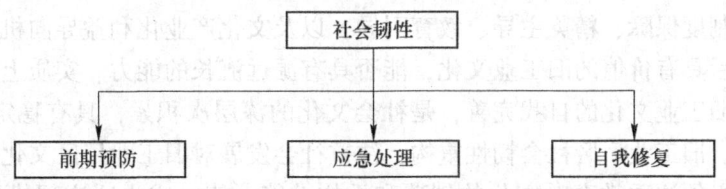

图 6.1　旧工业厂区社会韧性反应机制

6.1.2 社会韧性重构内容

随着城市的快速发展，社会韧性概念获得越来越多的关注，广泛地应用并指导着公共政策的制定实施，与当代社会运行面临着的更大风险有不可分割的关系。韧性越好，意味着不同层次关系结构发生断裂的可能性就越小，也能够激发产生应对外部冲击的更大力量。旧工业厂区社会韧性重构主要包括社会生活服务的正常运行、经济效益的维持发展、社会文化的保护及传承三方面，如图 6.2 所示。

（1）生活服务正常运行。旧工业厂区生活服务的正常运行需要良好生活服务设施基础，反映了面对外部灾难来临时人们生活生产的抗打击能力，以及缓解外部灾难的能力。生活服务设施建设需要具有一定的弹性，良好的生活服务设施有助于提高旧工业厂区社会韧性。旧工业厂区内部需要一些开放空间，这些空间平时能够作为公共活动空间，但在紧急时期可以转化为必要的生活服务空间。厂区内的体育场馆、文化娱乐设施等公共空间，可以根据不同群体在不同时期的需求实现一定的功能弹性，如将大型展览场馆转换为机动

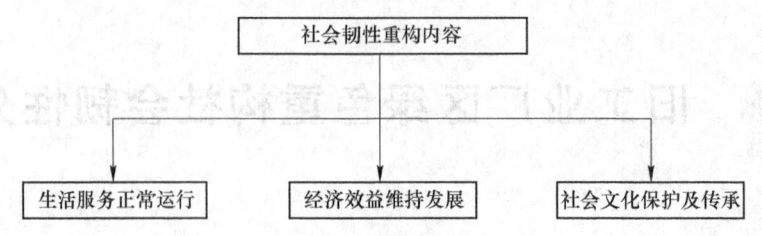

图6.2　社会韧性重构内容

应急性的生活服务站。旧工业厂区社会韧性重构，不仅注重生活服务基础性建设，也注重包括厂区卫生、生态环境、公共安全等生活服务设施建设，才能使旧工业厂区在面临风险挑战时具有充足的生活服务供给和安全维护能力。在旧工业厂区的空间规划和投资中，需要对单位空间面积、单位服务人群的生活服务场地等有充分的配置，且配置的标准要相对充裕，才能在面对较大突发性事件冲击时有更充分的应对余地。

（2）经济效益维持发展。旧工业厂区经济效益维持发展反映了厂区应对危机的脆弱程度，以及所表现出的维持、适应与恢复的能力，有利于阻止灾难来临时的经济风险扩散及尽快恢复。旧工业厂区面对经济危机所表现出的经济韧性受到多个因素的影响，这些因素共同决定了旧工业厂区经济系统面对不确定性的适应能力。旧工业厂区经济系统仿若海绵一般，积极迎接并吸收扰动，通过系统结构间优化调整来瓦解失效，从而实现系统整体稳定发展与创新，实现经济效益的维持发展。

（3）社会文化保护及传承。旧工业厂区文化保护及传承是一个系统工程，它需要与政治相融合的制度保障、精英主导、教育引导，以及文化产业化利益导向机制的联动，反映出灾难发生后具有价值的旧工业文化，能否具有源远流长的能力。实质上是旧工业文化的再生产，是旧工业文化的自我完善，是社会文化的深层次积累，具有稳定性、完整性、延续性等特征。旧工业厂区社会韧性重构，注重社会发展对旧工业厂区文化的冲击以及所产生的影响，必须注重教育对文化的创造和重构功能，使之成为适应现代化需要的先进文化。

6.1.3　社会韧性重构意义

社会韧性包含着社会关系网络，被复杂的社会关系所支持，不断维持和产生新的社会关系。旧工业厂区社会韧性，是历史、政治和经济策略影响下的产物，因产业结构的调整而变动，主要包括两个方面：一方面，促进旧工业厂区新的社会关系快速融入厂区既有的社会结构中，使之能够维持和延续原有的厂区环境；另一方面，通过韧性重构使旧工业厂区社会结构在遭遇危机时，具有一定的自我修复能力，能够维持现有的社会网络架构。

旧工业厂区社会韧性是支撑社会系统良好运行的基础，对于治理体系和能力提升、疫情危机的应对有重要意义，促进社会可持续发展，加强经济社会应对不确定风险的能力。我国经济社会转型面临不确定性，可能产生局部领域的风险，也有可能产生全局性的社会风险，迫切需要提升社会韧性体系。

旧工业厂区社会韧性重构，能够整合现有社会力量、维护社会稳定、提高修复能力，提升人们生活的安全性，建立全面的防御体系，探索新的发展机遇和发展道路，如图6.3

所示。在突发事件时，发挥抵御冲击的保护性作用；在突发危机事件后，表现出社会凝聚力及自我修复能力。

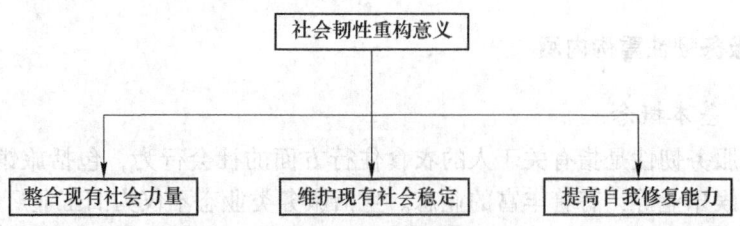

图 6.3 社会韧性重构的意义

（1）整合现有社会力量。旧工业厂区是一个有机复合的整体，通过旧工业厂区社会韧性重构，不仅促进厂区物质空间与非物质空间的整合，更有利于促进现有社会力量整合。这样有利于厂区内各要素间产生积极影响，使得各个功能区块的衔接更为合理，创造和谐有序的空间环境，促进旧工业厂区的可持续发展，进而延续工业文明。

（2）维护现有社会稳定。旧工业厂区作为城市的一个特殊构成要素，与周边相关的要素相互制约、相互影响。在旧工业厂区社会韧性重构过程中，不能单独对厂区进行重构，应以整体的视角来考量旧工业厂区社会韧性重构与城市各要素之间的关系，使旧工业厂区的社会韧性重构与城市整体的发展战略相契合，促进城市社会韧性健康发展。在社会韧性重构过程中，旧工业厂区可形成地方各区域之间、政府和民众之间协作配合的媒介场所，能够快速反应、指挥协作，可建立高效响应机制，能够科学决策、精准出击。

（3）提高自我修复能力。具有韧性的旧工业厂区能承受冲击，快速应对、恢复，并保持功能正常运行，且通过适应来更好地应对未来的灾害风险。其作用机制如图 6.4 所示。

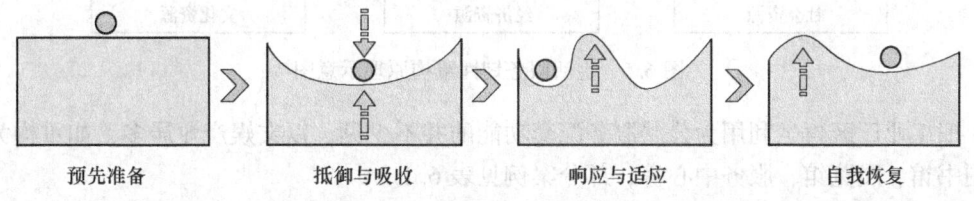

预先准备　　　　抵御与吸收　　　　响应与适应　　　　自我恢复

图 6.4 韧性原理示意图

旧工业厂区自我修复能力的提升，包括两方面内容：一方面，在与政治、经济、文化领域相对应的旧工业厂区社会生活层面，个体、群体、组织等各类主体之间应加强相互关联与共识行为，以便在"不确定性风险或扰动"如地震、经济危机等发生时，可以及时发现问题并调动所需资源，使得旧工业厂区得以迅速恢复和发展；另一方面，促进灾难发生以后的旧工业厂区恢复和重建，需要依靠充分的社会参与和社会行动才能实现。社会捐赠、社会慈善、志愿者、社会工作者、社会媒体和自媒体等社会各界的投入是旧工业厂区社会韧性重构的重要力量。

6.2　生活服务韧性

6.2.1　生活服务韧性重构内涵

6.2.1.1　基本概念

社会生活服务韧性是指有关于人的衣食住行方面的社会行为，包括旅馆业、餐饮业、旅游业、文化娱乐业等，有着丰富的业态。生活服务类业态不仅为旧工业厂区创造了极大的价值，而且还为社会创造了丰富的就业机会，特别是为当前解决下岗职工的再就业拓宽了空间。因此，生活服务韧性在旧工业厂区社会韧性重构中是相当重要的一环。

旧工业厂区生活服务韧性是指旧工业厂区生活系统面对不确定性因素冲击的防御、维稳和适应能力，由政府组织、厂区自己组织或市场组织，以整个厂区使用者为服务对象，向全部厂区使用者提供，以满足人们生活服务需求为目的。旧工业厂区生活服务韧性重构是指旧工业厂区生活服务系统能够承受来自市场、竞争和环境的冲击或从冲击中恢复，并对其生活服务结构及其社会和制度安排进行适应性调整，以维持或恢复以前的发展路径，或过渡到一个新的可持续发展路径。图 6.5 是旧工业厂区生活服务韧性重构原理示意图。

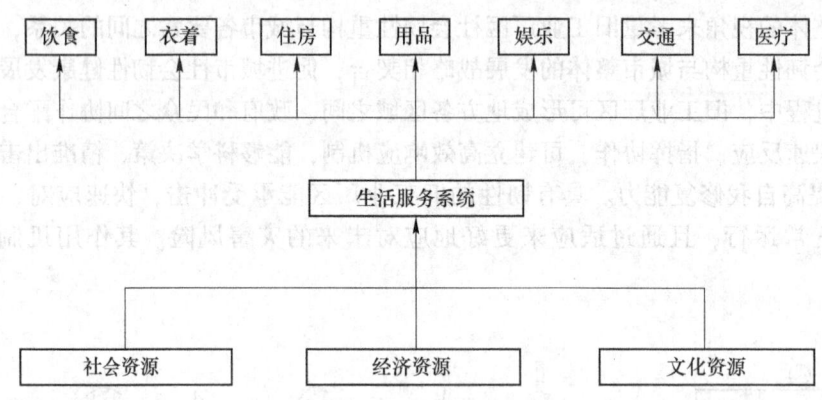

图 6.5　生活服务韧性重构原理示意图

旧工业厂区再生利用为公共服务配套功能的并不少见，以文娱产业居多，如重构为社区图书馆、展览馆、服务中心等，部分案例见表 6.1。

表 6.1　旧工业厂区重构为生活服务业态的案例

名　称	重构前	重构后	重 构 效 果
上海油罐中心 2 号罐	油罐	艺术餐厅	

续表 6.1

名 称	重构前	重构后	重 构 效 果
北京 798 艺术区	煤气储罐	创意园区	
济南博翠明湖纺织文化艺术馆	棉纺厂房	展览、销售	
武汉啤酒博物馆	塔形厂房	博物馆、餐厅	
首钢冷却塔	冷却塔	攀岩、滑雪	
昆明 871 文化创意工场	重机厂	创意园区	

续表6.1

名　称	重构前	重构后	重 构 效 果
福州马尾船政书局	船厂仓库	书店	
杭州 Moments 摄影基地	不锈钢厂	摄影、商业	

6.2.1.2　生活服务韧性重构的意义

（1）促进人们生活质量提升。随着我国经济社会发展方式的全面转型，旧工业厂区生活服务韧性重构的重点从增量空间转向存量空间，关注重点从生产空间转向生活空间；从整体转向个体，生活空间的优化与人们生活品质的提升得到广泛关注。我国旧工业厂区再生利用正在经历从传统的以物质空间为核心转变为现在的以人的需求为核心，生活服务韧性重构的内容、方式以及对象都发生了相应的转变。根据人们日常生活规律的行为模式，探索旧工业厂区生活服务韧性的重构依据，确保空间规划匹配日常生活需求，引导人们向绿色、健康、活力的生活方式转变。

（2）适应人们需求变化。多年来经济社会的快速发展，使得人们生活消费水平不断提高，生活方式发生了一系列改变，既改变了原有的需求特征，也引发了新的需求。一方面，在基本生活保障需求逐步满足的基础上，人们开始追求精神层面更高层次的成长型需求；另一方面，随着信息时代的到来，信息技术在为人们提供生活便利的同时，也在改变着人们的生活行为方式。这些新的变化与现有的服务设施供给之间存在脱节，因此需要对旧工业厂区的生活服务设施进行重构，适应人们目前生活需求的变化。

（3）促进社会韧性提升。生活服务类业态在促进经济增长，提高就业水平，改善产业结构以及提升国民生活水平等诸多方面都具有举足轻重的作用。旧工业厂区再生利用为生活服务配套功能，可塑造多元化的组织，构建可持续发展意识，探索新技术新模式以及打破传统边界，从而促进社会韧性提升。在旧工业厂区生活服务韧性提升阶段，建立后备体系、缓冲意外冲击、构建模块化结构，可有效防止厂区系统性崩溃。

6.2.2 生活服务韧性问题分析

6.2.2.1 生活服务韧性影响因素

受到城市经济发展水平、人口老龄化、地方政府管理理念、信息技术发展等影响，旧工业厂区生活服务韧性面临诸多问题与挑战。旧工业厂区生活服务韧性影响因素包括经济因素、业态因素、社会因素、技术因素四方面，如图6.6所示。

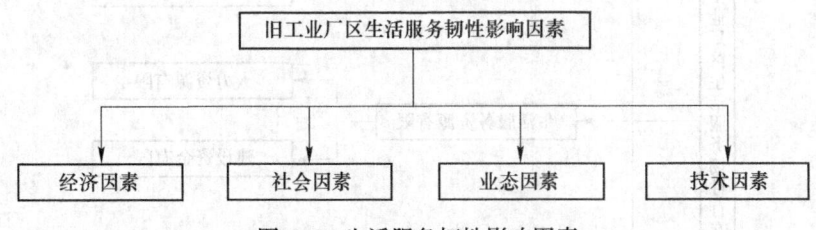

图 6.6 生活服务韧性影响因素

（1）经济因素。经济观念随着社会结构的变化而发生改变，消费观念受到外来文化的影响越来越开放，人们产生了更多的利益诉求。随着市场经济开放程度不断加深，各行各业竞争激烈，多元经济格局由此形成。经济多元化和需求多样化给旧工业厂区生活服务水平带来影响，因此，全面考虑经济因素的影响，不仅可以节约建造成本，还能够带来可观的经济效益。

（2）业态因素。旧工业厂区在社会中承担着维持生活生产、促进经济发展的重要作用，其周边的业态往往较为单一，更不能满足错综复杂且相互交织的不同使用群体的需求。随着城市的扩张，许多旧工业厂区在城市中原来的位置逐渐变成了城市中心地段。在产业改革调整后，旧工业厂区通过置入多样化的生活服务性业态，增强厂区生活服务韧性，形成多元化的旧工业厂区业态类型，从而带动厂区及其周边区域的发展。同时，旧工业厂区的业态类型，要符合其所在城市的整体规划方向，有针对性地置入新的功能元素，选取具有保留价值及改造潜能较大的建筑或建造要素，充分利用其自身特性，发挥最大的利用价值。

（3）社会因素。由于当地政府与社区组织运行机制不灵活，导致厂区生活服务供给力量分布不均衡，以及供给过程中存在的监督缺失、信息不对称问题，都影响着厂区生活服务的供给水平和效果。因此，可以采用商业管理的方法和技术，引入市场机制，以提高旧工业厂区生活服务的质量。为了实现区域的最大收益，政府部门、厂区运营管理部以及厂区主要使用者等众多主体应加强合作，相互依存，实现优势互补，建立更有效的信息结构，关注所服务的对象，提升厂区生活服务系统的效率。

（4）技术因素。互联网具有辐射面广、信息存储量大、成本低廉、传播速度快等难以替代的优势，互联网技术包括通信技术、云计算和大数据分析等技术，因此，可以引入现代化科学技术，构建信息系统为完善旧工业厂区生活服务体系提供技术支撑。利用互联网技术构建旧工业厂区生活服务信息平台，提升商户与厂区运营管理部、物业部等各部门的沟通效率，为厂区使用者提供更为便捷和高效的生活需求与利益诉求渠道。利用信息技术，发展电子政务，既能提高旧工业厂区生活服务系统的运行效率，又能满足使用者的多样化需求。

6.2.2.2　生活服务韧性存在问题

旧工业厂区生活服务韧性存在的问题，包括生活服务供需失衡、生活服务资源有限、生活服务相关标准及法规滞后三方面，具体内容如图6.7所示。

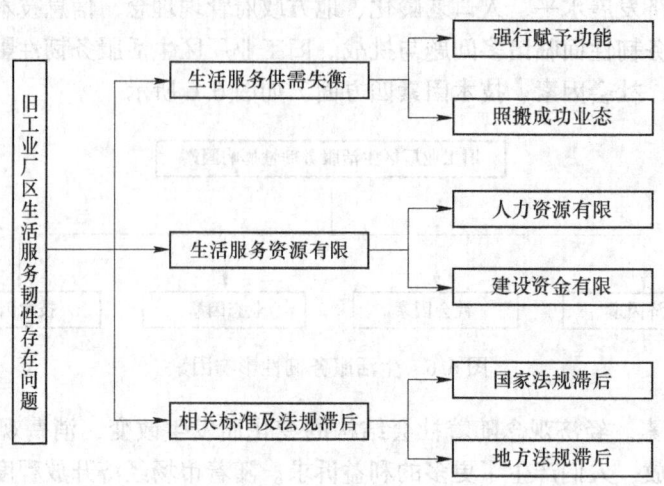

图6.7　生活服务韧性存在问题

A　旧工业厂区生活服务供需失衡

旧工业厂区生活服务韧性重构，若单纯为了再生利用旧建筑而强行赋予其不合适的新功能，会导致旧工业厂区独立于城市功能而存在，无法融入社会韧性网络中，并产生生活服务供需失衡的恶劣后果。因此，应避免单纯置入新功能、直接套用现有生活服务性业态模式，这些极端做法会使厂区失去其原本的价值与未来的发展前景，必将导致新一轮的闲置。生活服务业态应围绕旧工业厂区消费者对生活性服务行业的关注和期待，着力解决供给、需求、质量方面存在的突出矛盾和问题，推动生活性服务业态便利化、精细化、品质化发展。

B　旧工业厂区生活服务资源有限

（1）人力资源有限。旧工业厂区生活服务人力资源匮乏，不利于旧工业厂区生活服务体系运行的稳定性，也不利于旧工业厂区生活服务行业发展与创新。一方面，厂区生活服务人力资源数量不足，导致工作人员面对大量工作任务往往力不从心，影响工作效率和工作；另一方面，厂区生活服务人力资源质量不高。人力资源质量包括体质、文化水平、专业技术水平、职业素质、伦理道德等多方面，消费者需求日趋多样化对厂区生活服务人力资源质量提出更高要求。同时，旧工业厂区生活服务人力资源培训与开发工作不到位，整体文化水平和专业技术水平偏低，使厂区生活服务人力资源受限。

（2）建设资金有限。旧工业厂区经费入不敷出，无法投入大量资金创建各类活动，难以满足人们的多样化需求，给厂区生活服务韧性重构带来负面影响。旧工业厂区生活服务体系的运行依赖于公共资源的供给与利用，然而，厂区自身获得建设资金渠道较少，地方政府每年向旧工业厂区划拨的办公经费有限，且未激发民营企业、社会组织或个人参与旧工业厂区生活服务建设的积极性，导致旧工业厂区存在不同程度的资金缺口。

C 旧工业厂区生活服务相关标准及法规滞后

目前我国旧工业厂区生活服务相关的法律法规及标准尚不完善，仅依据现有的法律法规和标准用以指导厂区生活服务韧性重构的工作，涵盖范围十分有限，难以保障各类生活服务工作得到落实。同样，与此相关的地方标准也不尽完善。地方标准的建立具有规范性和引导性作用，且与城市建设和发展更为契合，地方政府尚未出台旧工业厂区生活服务评价标准，不利于引导旧工业厂区生活服务正向发展。

6.2.3 生活服务韧性重构策略

旧工业厂区生活服务韧性重构策略包括迎合服务消费需求、提升服务管理水平、积极运用新理念三方面，具体内容如图6.8所示。

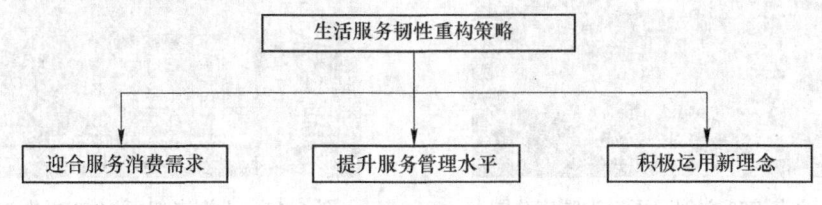

图6.8 生活服务韧性重构策略

6.2.3.1 迎合服务消费需求

随着经济快速发展，人们在生活富裕、物资丰富之余，对生活质量和精神文明的需求也随之提高，应高度重视旧工业厂区生活服务设施的配置，满足人们的服务消费需求。旧工业厂区生活服务韧性重构，应该向着复合型、多元化、开放性、深度化和趣味性的方向转化，一方面延续原旧工业厂区承担的经济性输出，另一方面丰富产业形式，为社会经济产业输入新鲜血液。因此，应深度开发周边消费人群的结构和需求，从衣食住行到身心健康、从青少年到中老年各个环节的生活服务需要，适应消费结构需要，加强生活服务类业态融合，体现创新设计理念和人文精神；应积极开发新的服务消费市场，进一步拓展网络消费领域，培育新型服务消费，促进新兴产业成长。图6.9为荷兰的LocHal图书馆再生利用前后对比，是由工业厂房再生利用为图书馆，满足了其周边区域的阅览、展览等需求。

(a)　　　　　　　　　　　　　　(b)

图6.9 荷兰的 LocHal 图书馆

（a）再生利用前；（b）再生利用后

生活服务韧性重构是对旧工业厂区活力的一种提升，迎合服务消费需求前要考虑经济的可行性。重构之前，需要对厂区再利用的可能性及其周边业态现状进行全面评估，制定较为经济合理的重构策略；还需考虑重构后对于社会韧性的完善度，以及其运营的策略与后期发展前景。如图 6.10 所示，北京 E50 文创园再生利用为蹦床公园。如图 6.11 所示，上海老船厂 1862 再生利用为报告厅，不但节约了建造成本，还为其周边片区带来了客观的经济价值和社会价值。

图 6.10　北京 E50 文创园再生为蹦床公园　　图 6.11　上海老船厂 1862 再生为报告厅

6.2.3.2　提升服务管理水平

旧工业厂区生活服务韧性重构，应提升服务管理水平，从而营造重视服务质量的良好氛围，打造高质量服务品牌。服务管理水平提升策略如图 6.12 所示。

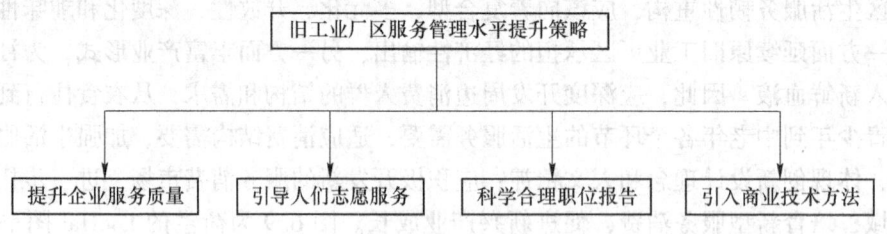

图 6.12　服务管理水平提升策略

应提倡服务企业将服务质量作为立业之本，坚持质量第一、诚信经营，强化质量责任意识，加强员工培训，增强爱岗敬业的职业精神和专业技能，提高职业素质，以及制定服务标准和规范，从而推进生活性服务业职业化发展。引导旧工业厂区使用者积极参与生活服务供给过程，形成人们之间互帮互助的氛围，促进厂区生活服务质量的提升。地方政府可整合和规范旧工业厂区志愿力量，表彰先进的志愿服务团队及个人，树立厂区志愿者精神，出台相关政策鼓励更多的社会力量加入志愿者团队，按需对接志愿服务，从而形成人们和志愿者之间的良性互动。通过实行科学化人员配置，可以减少人力资源浪费的现象，提高岗位胜任力与执行力，使厂区生活服务人力资源管理标准化。采用商业管理的方法和技术，引入市场机制，促进旧工业厂区生活服务质量的提升。

6.2.3.3　积极运用新理念

旧工业厂区生活服务韧性重构应利用新理念激发新动能，加快形成新发展格局，推动服务业态高质量发展，助力实体经济，如图6.13所示。生活服务类业态是助力实体经济的重要环节，应利用新理念激发新动能，加快形成新发展格局，推动服务业态高质量发展。可优化发展环境，做好前瞻性产业规划布局，力争实现生活性服务业总体创新，新业态、新模式不断培育成长。生活服务设施的设置，应具有前瞻性和预见性，考虑不同人群的需求，为未来难以预计的新需求留有发展空间。同时，应考虑不同人群的差别化需求，合理配置公益性设施，关注弱势群体的需求。可利用互联网技术构建数字经济、创意经济等科学技术平台，增加新理念在旧工业厂区生活服务业中的比重，增强国际交流与合作，共同激活创新引领的合作动能。

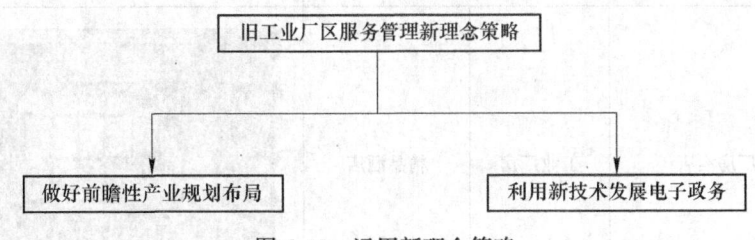

图6.13 运用新理念策略

6.3 经济效益韧性

6.3.1 经济效益韧性重构内涵

6.3.1.1 旧工业厂区经济效益韧性

经济效益韧性是指经济系统在面对外部干扰时，能保持自身原有结构和功能的稳定并恢复原发展水平，抑或是主动重组或更新内部结构和功能，从而保证经济快速健康发展的能力。旧工业厂区经济效益韧性是指旧工业厂区经济系统对不确定性因素冲击的防御、维稳和适应能力。旧工业厂区经济韧性的内涵可分解为层层递进的三个方面：第一，防御力，即在冲击发生前旧工业厂区经济系统对潜在冲击做出预警研判，并实施应急响应的能力；第二，维稳力，即在应对冲击过程中旧工业厂区经济系统避免剧烈波动、保持正常运行的能力；第三，适应力，即在遭受冲击后旧工业厂区经济系统调整重构、适应冲击，恢复正常运行并走向新的发展路径的能力。旧工业厂区经济韧性是一种与调整能力紧密相关的动态属性，从防御、维稳到再适应，是旧工业厂区经济系统对不确定性因素冲击的消解过程。

6.3.1.2 旧工业厂区经济效益韧性重构

旧工业厂区经济效益韧性重构是通过优化产业结构、夯实经济基础来增强抵御外部经济风险的能力。使外部冲击对经济发展的负面影响最小化，而不是在冲击发生后去补救。从"事后补救"到"事前预防"理念的转变，不仅可以减少冲击发生后的损失，也避免了大规模经济刺激所带来的负效应。

旧工业厂区往往位于城市中心地段，占据优良的地理位置，拥有发达的交通系统。旧工业厂区再生利用是城市更新的重要内容，应该利用城市产业结构调整的机遇，充分利用自身优势，发展合适的产业，使之成为城市经济新的增长点。通过旧工业厂区经济效益韧性重构，既可避免原有资源浪费，又可直接转化为新的经济资源。大空间、大尺度的厂区、厂房、仓库、车间等，均可通过再生利用赋予其新的功能，节省拆除重建的双重投资，实现降能源减污染的双重效益，符合可持续发展的时代要求。通过旧工业厂区经济效益韧性重构，厂区可被改造为文创产业园、购物中心、集合住宅等有较大社会经济效益的业态类型，重新担任起激活区域经济的重任，部分案例见表 6.2。

表 6.2 旧工业厂区改造为新业态类型的案例

名　称	重构前	重构后	重 构 效 果
成都 1979 厂房酒店	工业厂房	精品酒店	
中关村创新产业基地	工业厂房	企业聚集地	
EvenBuyer 买手店	水泥厂	商业店铺	
首钢工舍假日酒店	工业厂房	酒店	

续表6.2

名　称	重构前	重构后	重 构 效 果
伦敦 Lion 酒吧餐厅	工业厂房	酒吧餐厅	
杭州 Masa 摄影基地	工业厂房	摄影、商业	
杭州 Moments 摄影基地	不锈钢厂	摄影、商业	

6.3.1.3　经济效益韧性的意义

旧工业厂区经济效益韧性，是指旧工业厂区经济发展遭受危机后，恢复到初始经济活力的速度或是维持自身系统稳定的能力；其意义包括促进经济稳定增长、创造综合经济效益、实现城市持续发展三个方面，如图6.14所示。

（1）促进经济稳定增长。旧工业厂区的经济效益韧性是城市经济韧性发展的基础，影响着城市经济的增长。旧工业厂区经济效益韧性重构是以厂区内的物质更新为载体，但是单纯的物质环境更新不能从根本上解决问题，寻求长远的经济发展突破点才是旧工业厂区韧性重构的核心。旧工业厂区经济效益韧性重构应以新型产业代替旧工业，重塑旧工业厂区的经济，满足新的经济发展要求，以混合功能开发代替单一经济发展。

（2）创造综合经济效益。在对旧工业厂区更新的过程中，保留厂区内结构资源条件，植入相应的创意产业来提升该厂区的经济价值。通过对旧工业厂区的更新，恢复该工业用地的生命力，这样既能对当地的发展带来一定的经济效益，同时还可以激发周围社区的生命力。这里的效益并不仅包含厂区经济的利益，还包括为城市所带来的综合经济效益。与

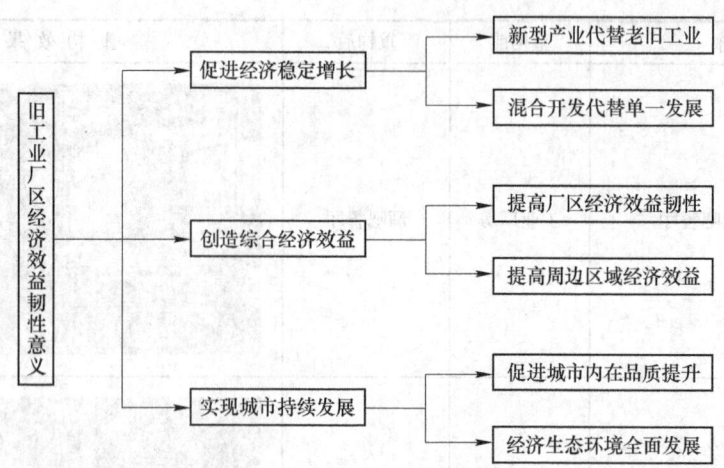

图 6.14　经济效益韧性的意义

此同时，对旧工业厂区的改造更新，本身就是旧工业厂区价值的最大化利用。经济效益韧性更新，依托于旧工业厂区原有产业链和城市基础的活化。在更新的过程中，以恰当的产业导入，迎合当前城市发展需求，最大限度地融入社会网络。

（3）实现城市持续发展。在我国计划经济时期，城市布局主要是以工业生产为中心，工业生产为我国的经济建设作出了重要的贡献。随着经济的进一步发展，原来的工业布局逐渐不适应经济结构的发展，第二产业退出城市支柱产业，造成大量旧工业厂区闲置、资源浪费的现象。因此，旧工业厂区绿色重构是实现新旧动能转换的必然趋势。旧工业区经济效益韧性重构，是实现城市可持续发展的重要一环。通过对城市旧工业厂区的再生利用，挖掘和提升旧工业厂区核心内涵，可以带动整个城市的经济效益韧性发展，促进城市全面可持续发展，为城市带来可观的经济效益。

6.3.2　经济效益韧性问题分析

6.3.2.1　经济效益韧性影响因素

由于受到城市经济发展水平、地方政府管理理念等多种因素的影响，旧工业厂区经济效益韧性重构面临诸多问题与挑战。旧工业厂区经济效益韧性影响因素包括区位性、聚集性、多样性、政策性四方面，每个方面及其包含内容如图 6.15 所示。

（1）区位性。旧工业厂区一般是在城市中心或边缘的重要位置，通过对旧工业厂区进行再生利用，发挥其作为经济实体的磁吸作用，引导后续的经济增长和多元化形式的开发，接连带动整体区域经济的联动效益，以达到经济增长作用。旧工业厂区经济韧性重构，在复兴厂区经济的同时，促进城市经济发展。在城市经济发展的过程中，城市物质形态与城市内容不断丰富，推动了城市与社会发展。通过旧工业厂区经济效益韧性的不断优化与调整，最终形成强有力的经济效益韧性社会，从而达到良性循环，共生共赢。

（2）聚集性。对旧工业厂区周边区域范围而言，受聚集性的影响，其短期更新目标是通过旧工业厂区的整体更新与改造，扭转旧工业厂区周边经济实力弱的经济发展格局，重塑片区经济发展自信，不仅顺应城市整体经济的发展方向，更重要的是在更新过程中注

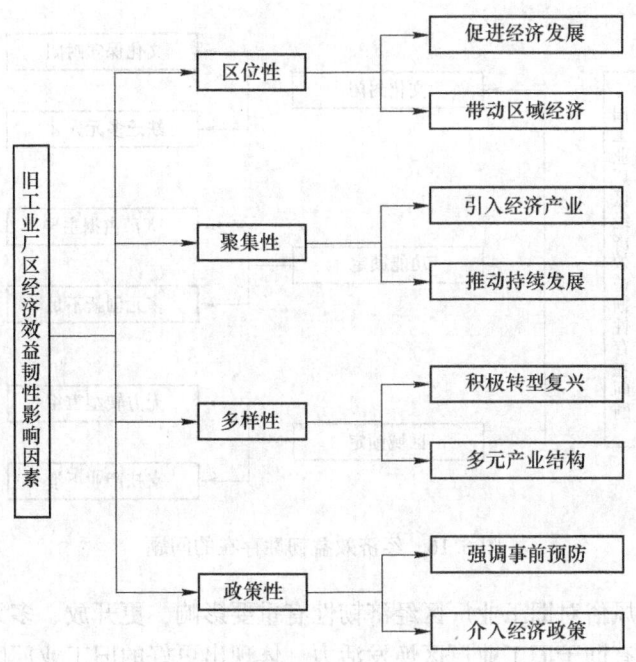

图 6.15　经济效益韧性影响因素

重挖掘当地的工业文化内涵。通过经济与产业的合理引入，形成一个具有聚集性的有机整体。有效的刺激周边经济与产业，在旧工业厂区重构过程中实现有效融合，以达到厂区带动片区发展的积极作用。从经济效应角度上看，聚集性发挥了较为明显的拉动经济发展的作用，积极促进旧工业厂区经济效益韧性的构建。

（3）多样性。产业结构多样性可以从多个方面强化经济效益韧性，可以防止因产业结构过于单一而造成的区域锁定现象，并能减轻危机对经济的破坏力，有利于经济的迅速恢复，也有利于分散风险，发挥"自动稳定器"的功能，对经济韧性具有显著的促进作用。同时，产业结构多样性与创新相互促进，更有利于旧工业厂区经济效益韧性的重构。对于旧工业厂区及其所在区域，积极进行产业转型和复兴，可以促进经济效益韧性的重构，增强厂区及其周边区域的经济效益韧性，具有面对外部经济冲击的抵御能力和复苏能力。

（4）政策性。经济政策与旧工业厂区经济效益韧性之间有着密不可分关系，旧工业厂区经济效益的脆弱性是内在的，而韧性则是可以通过外部经济政策增强的。就政策而言，经济效益韧性强调的是"事前预防"而非"事后调控"。外部经济政策的介入，将有效提升旧工业厂区经济的抗冲击能力。因此，旧工业厂区经济韧性的强弱，与该地区能否采取提升本地区经济韧性的政策有很大关系。

6.3.2.2　经济效益韧性存在的问题

经济效益韧性存在的问题包括文化封闭、功能锁定、区域锁定三方面，具体内容如图 6.16 所示。

（1）文化封闭。地方文化趋向封闭、创新力不足，缺乏应对产业转型所必需的多元

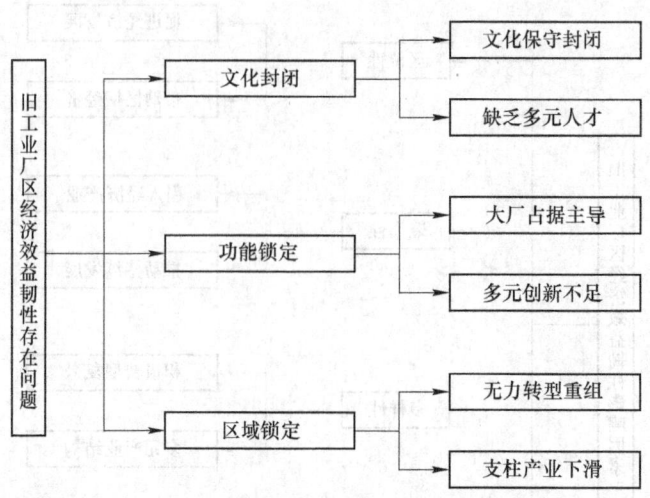

图 6.16　经济效益韧性存在的问题

人才。区域文化、风俗对旧工业厂区经济韧性有重要影响，更开放、多元化、富有企业家精神的文化环境，有助于旧工业厂区焕发活力，体现出更好的旧工业厂区经济效益韧性。

（2）功能锁定。功能锁定导致旧工业厂区转型和开拓新市场的能力不足，难以提升旧工业厂区经济效益韧性。功能锁定包括重工业厂区一家独大与大小厂区之间联系不紧密两方面。在一些老工业基地，规模庞大的重工业厂区在地方经济中占据绝对主导地位，一家独大的结构导致区域经济韧性差。大型旧工业厂区同外部小厂区联系很少，压榨了其他厂区的生存空间，然而小企业的多元化和创新活力恰恰是未来经济转型的动力源泉，

（3）区域锁定。区域锁定涉及旧工业厂区产业结构调整与文化传承两方面，对旧工业厂区经济效益韧性带来不利影响，使厂区在重工业整体下滑的背景下，无力实现产业转型和资源重组。实现旧工业厂区经济效益韧性的提升，关键要打破区域锁定，从而恢复韧性。旧工业厂区产业结构的调整是一个长期的过程，应改善制度和政策环境，减少行政干预，营造对旧工业厂区经济效益韧性重构更友好的环境。另外，要培育更具企业家精神的旧工业厂区文化，使市场经济观念深入人心，并注重厂区人力资本的积累。

6.3.3　经济效益韧性重构策略

经济效益韧性重构策略包括创新驱动、绿色发展、协调共享、多元发展四方面，如图 6.17 所示。

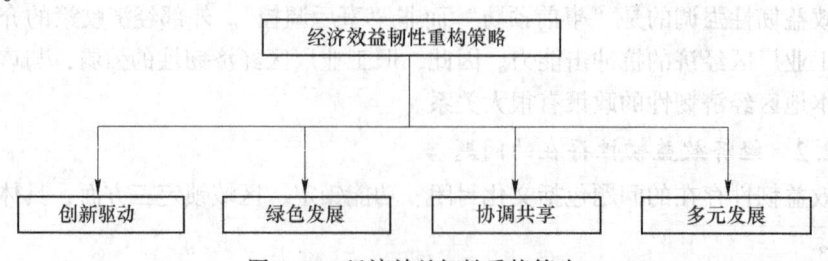

图 6.17　经济效益韧性重构策略

（1）创新驱动。加快实施科技创新驱动战略，提高科技创新对经济增长的贡献率，使创新成为旧工业厂区经济发展的新引擎。创新发展已然成为旧工业厂区竞争能力的重要组成部分，是提升旧工业厂区综合实力和影响力的重要力量。因此，应构建依托于互联网和物联网系统的旧工业厂区共享经济平台，将经济资源以数字化形式进行准确的实时量化统计，从而对潜在冲击进行智慧预警和研判，一旦经济资源流动和储备发生异常波动，便可做出即时反应，高效组织资源予以应对。共享经济平台的发展程度、用户规模及数字化程度，促进旧工业厂区经济效益韧性的提升。通过共享经济平台配置潜在资源，可以提高厂区经济系统组织效率，以及厂区对来自经济系统内部和外部冲击的敏感度。新冠肺炎疫情等"黑天鹅"事件属于经济系统外部的冲击，具有较强的不可预测性。随着共享经济的进一步发展，旧工业厂区经济系统对不确定性因素冲击的预警和防御能力将得到进一步提升。

（2）绿色发展。绿色发展是旧工业厂区经济可持续发展的内在要求，是人们对美好生活的希望。为了提升旧工业厂区经济效益韧性发展质量，必须处理好经济发展与生态环境之间的关系。由于过去经济发展方式的粗放性，我国许多旧工业厂区的周边环境受到严重污染、生态系统受到严重的破坏。旧工业厂区发展应以保护环境为首要，建设人与自然和谐共生的经济环境，不能以牺牲环境来换取经济发展，必须坚持绿色发展优先，形成节约资源和保护环境的新型产业空间格局和产业结构。

（3）协调共享。旧工业厂区经济效益韧性重构，应考虑改善城乡之间发展的不协调性，加快城乡一体化进程，促进区域的协调发展。城乡发展的不平衡性近年来较为凸显，在收入分配差距、教育卫生等公共服务产品供给上都可通过旧工业厂区的经济效益韧性重构，填补相关产品的空缺。因此，应贯彻协调发展的理念，让经济效益韧性重构的成果惠及各个区域，增加发展的公平性和成果的共享性，努力适应人们消费升级的新形势和新要求，实现旧工业厂区经济效益韧性的提升。协调共享的发展理念和追求社会效益的发展目标，能够凝聚起强大的社会资本，促进旧工业厂区经济系统韧性的提升。良好的人文社会环境是旧工业厂区经济系统稳健运行的重要辅助力量；强大的社会网络系统和社群组织是人力、物力、财力等资源的重要储备系统，是旧工业厂区经济稳健运行的组织基础；二者为旧工业厂区经济效益韧性重构提供了条件，使旧工业厂区经济系统的运行在面临冲击时不易遭受人力、物力、财力等资源短缺的冲击。

（4）多元发展。旧工业厂区经济系统的供需协同、多元化属性，有助于防御不确定性因素的冲击，而且为冲击后的适应性调整提供更大的空间。一方面，旧工业厂区供需协同和相关业务协同，有利于发挥生产和消费的拉动作用，构建起高效灵活的产业链，促进资源优化配置，使经济增长保持动力；另一方面，旧工业厂区经济系统的多元化属性能够发挥冲击"吸收器"的作用，钝化不确定性因素的冲击，促进厂区经济效益持续增长。当面临不确定性因素冲击时，持续的经济增长是经济韧性的直观表现，也是旧工业厂区经济系统对冲击做出适应性调整、实现新的发展路径的基础。图 6.18 为开普敦 Silo Hotel 酒店再生利用前后对比，该酒店位于开普敦港口，改造前是一座粮食筒仓大楼；大楼分为两部分，上半部分的六层楼属于 Silo Hotel，下半部分则是非洲当代艺术博物馆 MOCCA。

(a)   (b)

图 6.18   开普敦 Silo Hotel 酒店

(a) 再生利用前；(b) 再生利用后

6.4   文化传承韧性

6.4.1   文化传承韧性重构内涵

6.4.1.1   基本概念

文化是一个错综复杂的总体。从表现形式来看，文化是由物质文化和非物质文化组成。传承，是特定事物的传播和继承，是一个动态的过程。文化的传承不仅包括了对文化的继承、传播，更包含对文化的创造性发展。旧工业厂区文化传承韧性，是指旧工业厂区文化传承系统对不确定性因素冲击的防御、维稳和适应能力。旧工业厂区文化传承韧性重构，是指对旧工业厂区历史文脉进行深层次的挖掘，并加以合理的传承与发展。厂区文化韧性重构时，应充分考虑原有的空间环境与文化环境的延续，重视区域环境与厂区环境、单体建筑与建筑群之间的延续。从文化环境的延续来看，旧工业厂区是城市发展的见证，承载着太多的记忆，具有独特的工业精神，是城市文化中宝贵的财富。因此，在旧工业厂区文化传承韧性重构中，应体现对工业文明和城市记忆的延续，重构后的旧工业厂区要与周边肌理相呼应，在空间形态上要延续原有界面的肌理表达，保持空间的连续。

6.4.1.2   文化传承韧性的意义

（1）历史意义。旧工业厂区文化传承韧性的构建，能唤醒人们的历史记忆，对城市地域文脉的延续具有深远的意义。旧工业建筑不仅具有功能意义，还具有空间结构独特、机器设计精密、机械陈设优美的特点，因此历史意义也不容忽视。通过对于旧工业建筑功能置换与更新，既可以传承历史肌理，又可以满足新生活的需要，增强人们对于地域文化的认同感与归属感。另外，旧工业厂区不同于民用建筑，其厂区规划设计遵循高效、简洁的工业大生产模式原则，蕴含着当时先进的科学技术，整体时代特征鲜明，富于历史厚重感，具有独特的审美价值。旧工业厂区文化传承韧性既满足了工业时代生产的实际需要，又满足了人们的审美需求，融实用价值与审美价值于一体。

（2）文化意义。旧工业厂区文化传承韧性构建与城市文脉传承关系密切，内涵丰富、意义重大，具有深远的文化意义。因此，必须在对其文化意义深刻认识的基础上，针对旧工业厂区文化传承现状与问题，解析旧工业厂区文化传承韧性重构的多重价值；应正确处理和把握工业建筑遗产保护与城市文脉传承的辩证关系，运用国际先进模式、理念、方法，创造性开展工作，实现旧工业厂区文化传承韧性重构与城市文脉传承的有机结合，从而适应形势、抓住机遇，站在建设文化城市、增强国家文化软实力的战略高度上，全力做好旧工业厂区文化传承韧性重构。

（3）传承意义。旧工业厂区文化是当地人在长期的生产实践中创造和沉淀的一种文化，蕴藏着鲜明的精神特质，具有极高的历史、文化、艺术和社会价值，如同生命体基因一样应该传承，并为此积极进行采集、记录、建档的工作。构建旧工业厂区文化的传承体系，处理好继承和创新的关系，进而做好旧工业厂区优秀文化的创造性转化和创新性发展，具有深远的现实意义。

6.4.2 文化传承韧性问题分析

6.4.2.1 文化传承韧性影响因素

文化传承韧性影响因素包括历史真实性、风貌完整性、人本主义性三方面，如图6.19所示。

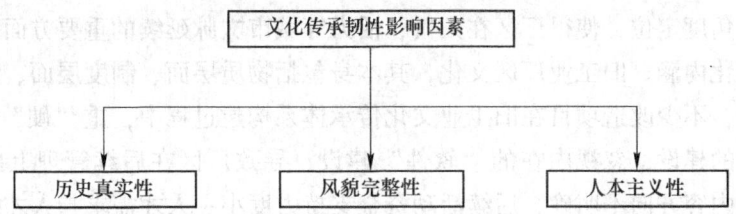

图 6.19 文化传承韧性影响因素

（1）历史真实性。历史真实性由旧工业厂区历史文化脉络浓缩沉淀而来，是厂区文化传承韧性的重要影响因素。因此，应努力挖掘旧工业厂区的历史文化脉络，无论是具象的建筑风格演变，还是抽象的产业发展，都应尽可能还原当时的情与景，展现旧工业厂区特殊的历史文化积累过程。

（2）风貌完整性。风貌整体性的保护，既包括厂区本体、城市文脉、城市肌理，也包括周边的行为文化。随着工业企业的迁出，既有的行为文化被遗忘，新的创意产业等逐渐填补了留下的空白，所带来的新的创意文化和商业文化都是新的行为关系，造成了旧工业文化的缺失。旧工业厂区风貌的完整性，要求在旧工业厂区视野所及范围内，风貌协调一致，有较完整和可整治的环境。历史环境的存留，使得建筑的价值与人们的社会生活相融合，对旧工业厂区的发展和人们的行为起着无法替代的潜移默化的作用。

（3）人本主义性。人是旧工业厂区文化遗产的支撑者和体现者，是旧工业文化的传承者，是文化传播的载体。以人为本原则，是旧工业厂区文化传承韧性重构的根本原则。人作为物质空间内的生活单元，是检验空间环境适宜性和舒适性的最好试金石，一切违背人的需求和生活体验的厂区文化传承环境更新都是失败的。因此，应在归属认同、文化感知等方面，树立人本主义的价值观，重构具有归属感的旧工业厂区。

6.4.2.2 文化传承韧性存在的问题

旧工业厂区文化传承韧性存在的问题包括利用方式单一、重视程度不足等方面，具体内容如图6.20所示。

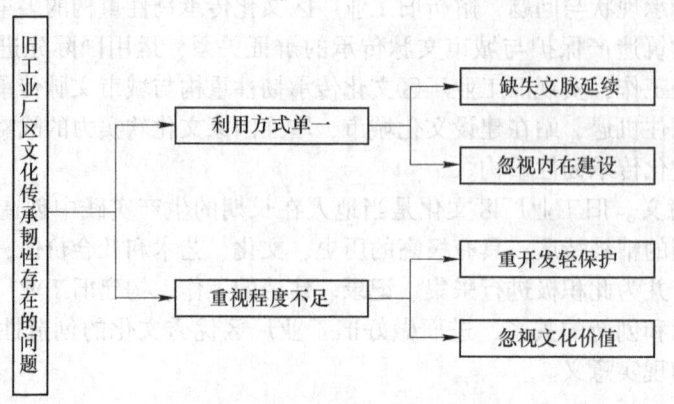

图 6.20　文化传承韧性存在的问题

（1）利用方式单一。旧工业厂区在城市中呈点状分布，大多数改造案例，都存在所展示的对象与原有的文脉关联性不高的问题。这样，不仅再生利用方式单一，没有切实的从城市发展的角度定位，使得厂区在人气、活力等城市文脉延续的重要方面有所缺失，未能较好传播文化内涵。旧工业厂区文化，其本身包括物质层面、制度层面、精神层面等多个层面。然而，不少改造项目在旧工业文化传承体系构建过程中，重"硬"轻"软"，只关注物质层面的建设，忽视内在的"软件"建设，导致厂区在后续管理上出现目标群体不突出、项目内容方向不明确、后续活动资金支持力度小、人才需求与人才编制不对称等问题，使得旧工业厂区绿色重构最终成了一个摆设。

（2）重视程度不足。目前，社会对于旧工业厂区文化保护重视程度及重要价值认识不够深入，重开发、轻保护，导致大部分闲置的老厂房、工业设施等被遗弃，并没有得到较好的利用。其中，包括厂区内的构筑物、工业器械等工业遗存，基本处于废弃闲置状态。在改造过程中，没有考虑旧工业厂区自身文化价值，导致厂区文化遗产遭到破坏的现象时有发生。由于对工业文化遗产缺乏科学认知，因此个别地方还出现了"保护性破坏"的案例，用"一刀切"方式解决经济发展与旧工业遗产保护间的冲突。

6.4.3　文化传承韧性重构策略

旧工业厂区文化传承韧性重构策略，主要包括物质文化更新、行为文化更新和精神文化更新三方面，如图 6.21 所示。

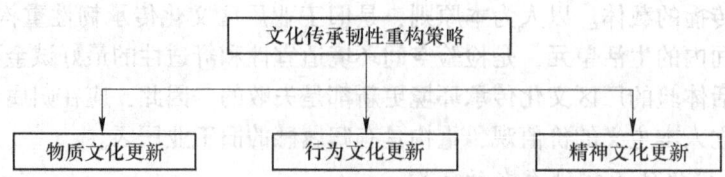

图 6.21　文化传承韧性重构策略

6.4.3.1 物质文化更新

旧工业厂区物质文化是旧工业技术、生活和精神文化的活化石，不管厂区现在是荒废，还是仍在使用，都无声地述说着旧工业文化，展示着历史。物质空间是旧工业厂区存在的主要形式，也是旧工业文化的最直观展现，对旧工业文化传承发挥着稳固的支撑作用。然而，由于社会发展及利益驱使，很多具有深厚旧工业文化底蕴的厂区面临着物质文化载体逐渐被破坏甚至拆除缺失的困境。因此，通过旧工业厂区物质文化更新使得旧工业厂区重构文化传承韧性，是亟待解决的问题。

旧工业厂区的物质文化更新是文化传承韧性重构中的一个广泛的概念，重构对象主要包括建筑改造、规划布局变化、景观建设等。城市旧工业厂区承载着城市某一发展时期的工业文明、人文景观，是城市个性的最佳体现，是社会文化传承韧性重构的重要承载对象。对于部分有标志性但又没有使用价值的旧工业建筑，应该予以完全的保护。对于需要改善或更新，进而延续其使用功能的旧工业建筑，首先需注重现代生活中建筑的实用性，其次应照顾人们对旧工业文化的感情。实现旧工业厂区物质文化更新，应保护旧工业厂区格局，延续城市文脉；营造特色旧工业片区，再现旧工业文化场景；修复重要节点，唤起旧工业记忆等。在营造特色旧工业片区时，应对片区进行场景保护，并规划多元旧工业文化体验区，彰显不同时期、不同类型的旧工业文化特色，从而促进旧工业厂区文化韧性重构。此外，在抢救保护仅存的旧工业文化载体的基础上，还应挖掘、整合更多的旧工业文化形态，处理好保护与重构的关系。因此，对于具有特征的建筑、景观、设备和生产设施，应在保留主体的基础上进行相应的改建，达到改变其使用功能的目的；或采用进行富有创意的加减或表皮更新，增加其展示功能，使之成为景观改造充满活力之处。图 6.22是由伯利恒钢铁工业园区再生利用的 SteelStacks 艺术文化园，在重构时构建了一条贯穿园区的曲线形道路，同时创造了足够的空间，形成了一条独特的交通流线。

图 6.22 SteelStacks 艺术文化园

6.4.3.2 行为文化更新

行为文化是指在旧工业厂区周围人与人之间各种关系准则等，代表着各种社会关系的综合，由当地主导行业及生产关系所决定，是旧工业厂区文化传承韧性重构中的非物质层面之一。因此，追求旧工业行为文化更新是新时期旧工业厂区文化传承韧性重构的关键所在。

依托文化传承平台、加强文化阵地建设，是旧工业厂区行为文化更新不可忽视的重要一环。无论是发掘与挖潜旧工业文化的内涵，还是了解与体验旧工业文化的精髓，都离不开立足本地实际的文化阵地的支撑。应依托文化阵地，开展传承、弘扬优秀旧工业文化的活动，增加群众喜闻乐见的内容，创新多种形式和手段，鼓励引导人们广泛地参与其中。一方面，可以利用各种媒介，制作户外宣传栏，以图片或漫画的形式对旧工业文化的知识进行介绍，激发观众了解旧工业文化的兴趣。目前，在一些重构为展览馆的旧工业厂区项目中，有将行为文化作为展品展出的工业园区，在新空间中强调多元与创新，展出行为文化，形成了良好的空间和文化氛围。另一方面，可以充分利用电子屏等技术，在人口流动性大的场所滚动播放文化传承的相关内容，给人们造成视觉上的冲击，让民众在潜移默化中感受旧工业文化，在无形之中扩大旧工业文化的社会影响力和认知度。图6.23为由旧工业厂区改造而来的西安大华1935和北京798创意园中宣传旧工业文化的实例。

(a)　　　　　　　　　　　　　　　(b)

图6.23　宣传旧工业文化实例
(a) 西安大华1935工业氛围景观；(b) 北京798工业设备符号

6.4.3.3　精神文化更新

精神文化在现代社会的发展并不排斥推陈出新，结合文化创意语境，在不丢弃旧工业传统精神文化的前提下用一种符合时代而又焕然一新的面貌不断发展，是旧工业文化在当下重构韧性的关键问题。旧工业厂区精神文化包括两方面内容：一方面，我国的民族工业经历了不同时期的发展，每个时代都留下深刻精神烙印；另一方面，在以往计划经济时期建立的旧工业厂区，往往兴建诸如食堂、幼儿园等各种服务设施，从而形成独特的单位文化。如北京老山东里首钢居住区，在居住区内有配套的幼儿园、文化苑等，促使居民产生共同的集体记忆，如图6.24所示。

追求精神文化内涵是新时期旧工业厂区文化传承韧性重构的内在要求，强调以旧工业精神文化更新作为推动力与目标，追求重塑文化内涵，提升厂区和城市的文化吸引力。首先，强调对既有旧工业厂区空间进行文化设施嵌入，通过设置旧工业车间场景、安放旧工业艺术雕塑等方式，提升一个区域的旧工业文化品位；其次，强调将无形的旧工业文化具象化，可通过塑造"特色旧工业精神文化"空间，并赋予其空间形态的政策过程，具体手段包括修建旧工业文化博物馆、打造城市旧工业节庆活动等，从而契合了本地居民的文化猎奇心理；第三，旧工业厂区文化传承韧性重构需要回归公共性，这种公共性体现在对于不同社会阶层精神文化需求的包容性上，可将符合大众生活方式的文化空间合理引入；

(a) (b)

图 6.24 北京老山东里首钢居住区
(a) 居住区配套幼儿园；(b) 居住区配套文化苑

第四，培育创意人才是旧工业厂区文化传承韧性重构的关键，包括设计师、艺术家、作家等在内的创意型人才是厂区文化产业、营销形象与提升旧工业文化吸引力的关键所在。

附录 旧工业厂区绿色重构韧性作用案例

案例1——昆明871文化创意工场项目

A 项目概况

昆明871文化创意工场位于春城昆明市（区号0871）盘龙区龙泉路871号，背靠长虫山，面向植物园，与龙泉路与沣源路相连，紧邻西北三环和西北绕城，周边已有文旅资源丰富，同时这里汇聚了大量政府机构、企事业单位、学校和住宅小区，如附图1.1所示。区位优势明显的同时，也面临着竞争与挑战。

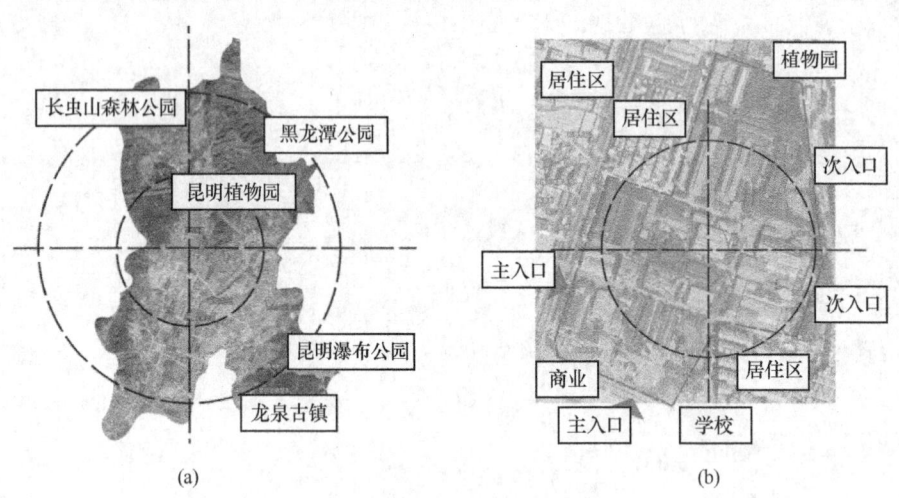

附图1.1 区位分析
（a）周边景区；（b）周边功能

昆明871文化创意工场是有着60多年历史的昆明重工，占地面积约871亩，在云南悠久厚重的工业历史文脉上书写有重重一笔。随着城市发展的进程，对城市环境品质的要求将越来越高，主城区范围已不适宜继续发展传统工业，转型成为必然趋势。871文化创意园区项目在不改变原昆明重工工业用地性质及权属的情况下，最大限度保护原有场地、厂房的独特历史风貌和人文特点，通过适当改造基础设施、外部环境和内部结构，利用老旧厂房所体现的历史文脉和特色，建设国际知名的文化创意园区，如附图1.2所示。

B 现状梳理

旧工业厂区是城市历史的载体、发展的见证，甚至承载着一代人的记忆和情感。但其工业功能及工业生产所特有的属性，以及因此对其有选择地保护与再利用，能够增强土地的利用效率，使经济发展更加高效，更能激发民众的共鸣，从而增强其归属感。

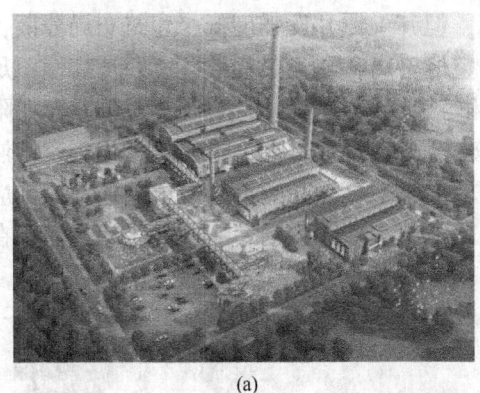 

(a)　　　　　　　　　　　　　　　(b)

附图 1.2　重构后风貌效果图
（a）核心功能区；（b）入口形象

（1）厂区布局分散、功能单一，适应性不足。871 旧工业厂区布置受到较强的工艺流程的限制，厂区的布置整齐划一但灵活性不足，如附图 1.3 所示。当前工业用地的容积率

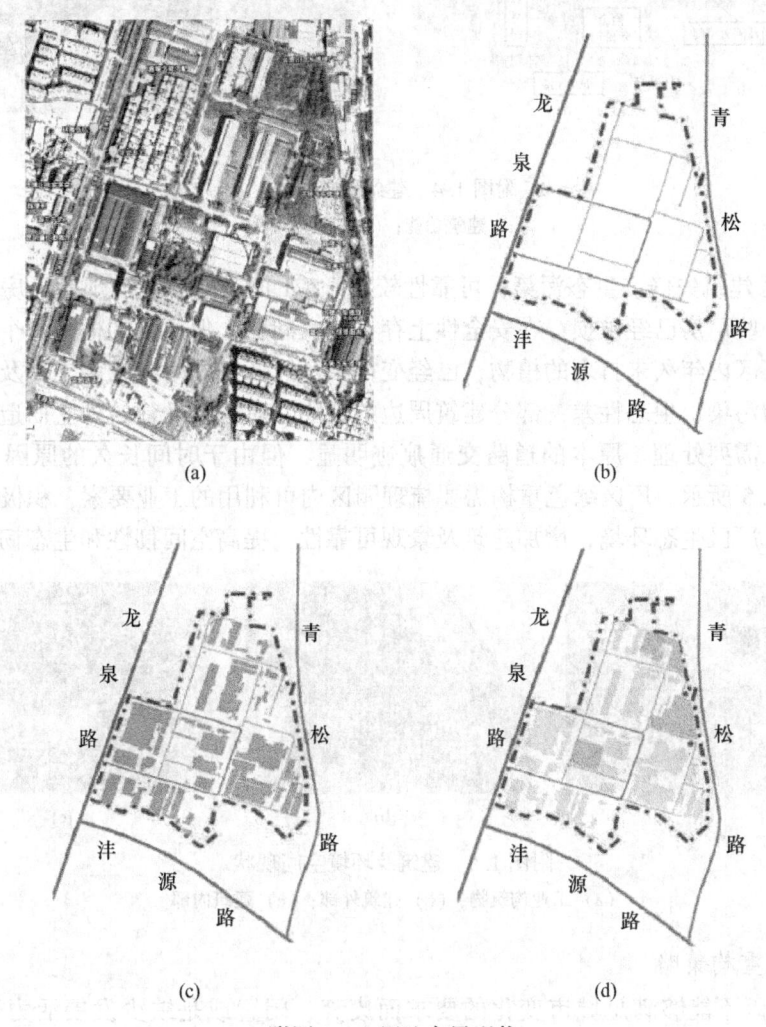

(a)　　　　　　　　　　　　　　　(b)

(c)　　　　　　　　　　　　　　　(d)

附图 1.3　用地布局现状
（a）卫星图；（b）交通；（c）建筑肌理；（d）生态空间

与其他性质用地相比较低，用地的冗余度较高，但其土地开发强度低、建筑布局分散，在城市快速发展过程中，现存空间难以融入城市整体格局，缺乏集约效益、经济韧性不足。

871旧工业厂区产业具有独特的空间特色和工业文化氛围，但结构较为单一，如附图1.4所示。但也因为这种特殊性与排他性，很难与城市中的其他功能和空间相兼容，然而面对经济、社会、生态危机时这些固定资产的转变都不可能在短期内完成，这都使其应变能力大打折扣。因此，旧工业厂区布局分散、功能单一所导致的适应性不足问题需要在绿色重构中重点改善。

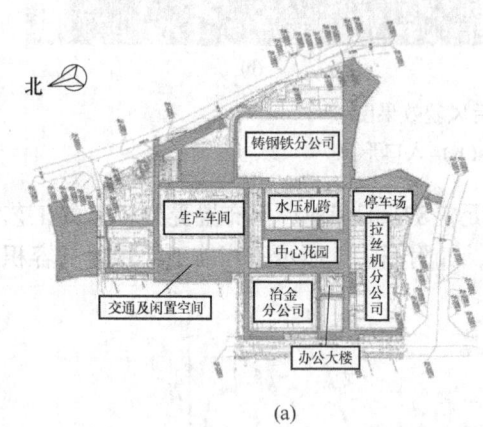 

(a)   (b)

附图1.4　建筑功能现状

(a) 建筑功能；(b) 建筑风貌

（2）厂区建筑失修、生态污染，可靠性较低。871旧工业厂区内现存厂房常年没有处理和改造，一些厂房已经破损、在安全性上存在较大问题，但厂房的框架是个很好的再生利用因素；厂区内年久未打理的植物，已经变得杂乱无章，同时有较多土壤及生态空间受到工业生产的污染，生态性差；部分建筑周边的植物，对建筑及建筑外立面造成一定的影响和破坏，也需要处理。原本的道路交通痕迹明显，但由于时间长久的原因已被植物覆盖，如附图1.5所示。厂区绿色重构需要梳理园区内可利用的工业要素，积极保护修缮工业建筑，恢复厂区生态环境，增加建筑及景观可靠性，提高空间韧性和生态韧性。

(a)   (b)   (c)

附图1.5　建筑及环境空间现状

(a) 工业构筑物；(b) 建筑外部；(c) 建筑内部

C　韧性重构策略

871厂区因不能够满足城市变化的要求而废弃、闲置或是缺少发展活力逐渐破败不堪，厂区需要转型发展、绿色重构。在厂区重构策略上，用多样功能演替、文化场景营造、景观环境再生、建筑空间重塑四大策略，推进厂区多元性、适应性、冗余度、可靠性等韧性特征的强化，在经济、社会、生态、空间及基础设施等层面提升厂区韧性，形成完整的韧性重构策略机制，如附图 1.6 所示。

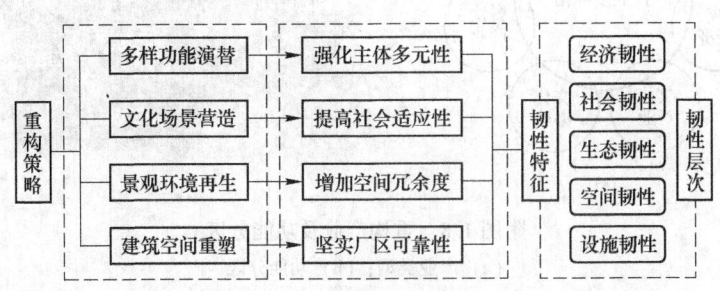

附图 1.6　厂区绿色重构韧性策略

a　多样功能演替，强化主体多元性

旧工业厂区重构方式是多样的，其功能组成也可以是多元的。871 文化创意园区项目充分尊重企业原有的历史文脉及工业特征，在"工业+文化"的后工业时代，紧紧抓住云南建设"民族团结进步的示范区，生态文明建设的排头兵，面向南亚、东南亚的辐射中心"的战略机遇，以"互联网+创意+工业+生态+民族+旅游"的综合发展模式，将项目打造成文化创意产业园区综合体，做客云南的"春城大厅"。其目标和整体规划如附图 1.7 所示。

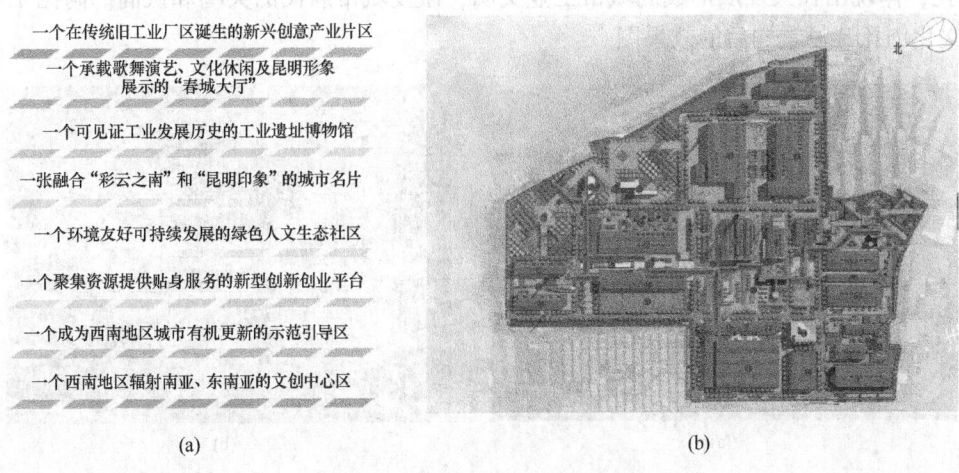

(a)　　　　　　　　　　　(b)

附图 1.7　重构目标及整体规划

(a) 转型目标；(b) 整体规划

871 文化创意工场引入多方资源，促进产业转型，如附图 1.8 所示，是集工业遗址博物馆、机器人体验馆、汽车文化体验中心、休闲娱乐文化中心、文化艺术培训、民族工艺品创意体验中心及昆明饮食文化体验中心等功能于一体的大型商业综合体，具备完整的产业体系。

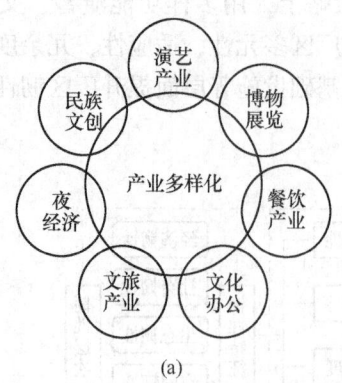
(a)

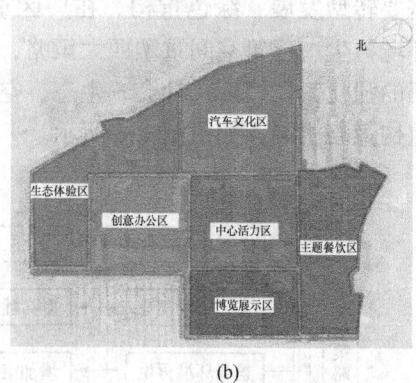
(b)

附图 1.8　重构产业及功能分区

(a) 产业类型；(b) 功能分区

b　文化场景营造，提高社会适应性

旧工业厂区在基础设施完善后不影响消防安全及疏散要求，并满足基础设施韧性的建设标准，可通过文化场景的营造，增加厂区重构后的影响力、吸引力和凝聚力，以提高城市的社会韧性。厂区内原有的道路、广场、标识及标志物等，均可结合场所精神进行二次设计和利用。在充分尊重企业原有历史文脉及工业特征的基础上，园区的景观设计围绕绿色、人文、科创、智慧及艺术性等方面，视觉设计从空间属性、视觉元素、审美倾向等方面展开。在工业生产这样的一个特定场所，人与机械、人与工业建筑、人与工业环境之间同时作用于有限的空间。人作为主体，通过对客体物象的视觉感悟，产生对工业场所的精神寄托，体现出长久发展形成的城市工业文明，激发城市居民的共鸣和认同。附图 1.9 是871 文化创意工场重构后的效果图。

(a)

(b)

附图 1.9　厂区重构效果图

(a) 多功能活动场地；(b) 夜景文化广场

重构后的 871 文化创意工场，满足了本地居民和外来游客的物质生活和精神生活，使得人与社会、人与自然、人与经济协调发展。将原来重机厂的工人培训再就业，提升员工的文化艺术修养，增添新技能，更好地服务新业态下的经济活动，更好地为在这里工作、生活、参观、活动的人服务，实现了个人的经济价值、社会价值，增强了社会韧性。

c 景观环境修复，增加空间冗余度

对 871 厂区内部和周边区域的生态环境进行修复，受污染的土壤采用移除、覆盖或替换部分土壤等手段进行生态恢复处理；水系需进行水质检测，对于受污染的水源需经过净化处理再改造为水体景观；厂区中留下的废料、设备等，确认其无毒、无污染及无辐射作用后，可作为工业景观保留和再利用。

通过一系列的景观生态改造，可提升环境品质，打造独特的资源型城市工业景观，提高城市生态韧性。为了营造一定的视觉美感，植物与植物之间以组团的形式形成一定的围合空间。植物在景观中可以改善环境，为人们提供一定的休闲娱乐空间，如附图 1.10 (a) 所示。园林景观造型多样化，美化环境，净化空气，降低噪声，减少水土流失，维护生态平衡，在道路旁设置植草沟、雨水花园、下沉草地、蓄水池和污水处理系统等，形成厂区内的海绵体系，如附图 1.10 (b) 所示。

(a)   (b)

附图 1.10　厂区景观重构示意图
(a) 文化构筑物活动场地；(b) 道路植草沟

现状燃气站共有两栋工业建筑、两条栈桥及其他构筑物设施，重构过程中保留既有建 (构) 筑物的肌理和布局，增加运动健身廊道和景观廊架，同时利用现有空地改造成为水池和园林景观小空间，将既有的构筑物改造成为服务儿童的娱乐设施，如附图 1.11 所示。两栋建筑围合的聚集空间形成下沉广场，与之相对的是亲水平台和架空廊道，室内外空间形成良好的视线关系和呼应关系。燃气站主体建筑保存较好，通过新旧共存的手法对建筑和场地进行更新改造，尊重燃气站的特殊性构建和空间秩序，同时加入了新的元素，改造后更加适宜普通大众进行休闲娱乐。

(a)   (b)

附图 1.11　燃气站栈桥重构示意图
(a) 立体交通；(b) 下沉广场

工业栈桥主体结构恢复性修建，使其重新焕发工业活力，增加了活动空间的冗余度；同时也可充分发挥廊架的多样功能，以及下沉广场与绿化的海绵功能，提升空间及生态韧性。

d　建筑空间重塑，坚实厂区可靠性

建筑是旧工业厂区实现功能演替重要物质空间、文化载体，对建筑进行韧性重构，是实现厂区可靠性的重要手段。871厂区在保留较多的生态空间、确保厂区整体冗余度的同时，对建筑进行了改造，并适当扩容，提高利用率，满足经济韧性需求。

871核心园区由水压车间、热处理车间、设备维修车间组成。水压车间是三跨建筑，北侧一跨拟建设为工业博物馆，南侧两垮拟建设为会展中心。博物馆设计既有工业建筑的厚重感，同时拥有博物馆特色的时尚感；会展中心设计采用玻璃装饰，既符合会展中心的现代感，又能与工业建筑形成视觉对比，如附图1.12所示。立面改造过程中，首先对已经老旧的立面进行了修复，通过增加新材料、新结构、新空间等新元素的手法，为旧工业建筑增加了新的生命力，赋予建筑新的活力。

(a)　　　　　　　　　　　　　(b)

附图1.12　厂区建筑重构示意图

（a）影视基地；（b）博物馆

建筑整体修缮加固和基础设施的完善，场地生态的修复和环境品质的提高，使建筑可以更好地适合功能及产业的需求，智慧灯光系统应用于多时间段的使用，建筑及下沉绿地构成海绵系统应对极端天气，如附图1.13所示。

(a)　　　　　　　　　　　　　(b)

附图1.13　厂区建筑重构示意图

（a）夜景鸟瞰；（b）暴雨天气

重构后的871文化工场已经成为年轻人和文化艺术爱好者的周末休闲好去处，正在吸引更多文化项目入驻。厂区自身可靠性、冗余性、生态性将有利于其构建完整的韧性体系，对外部冲击和挑战更具有适应性。

案例 2——老钢厂设计创意产业园项目

A　项目概况

华清国际创意产业园位于陕西省西安市东郊新城区幸福林带南段，城市东二环路与东三环路之间，距离西安市明城墙老城区约 9km，总占地面积约 400 亩（1 亩≈666.67m²），如附图 2.1 所示。

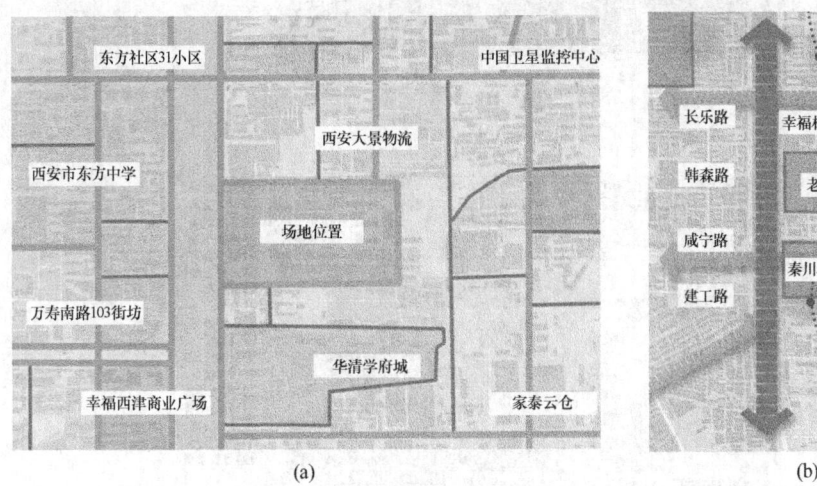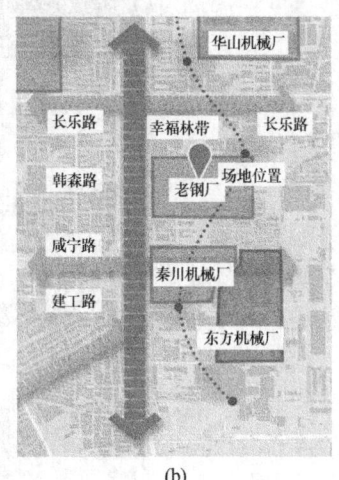

(a)　　　　　　　　　　　　　　　　　　(b)

附图 2.1　区位分析

（a）项目的区域位置；（b）项目位于幸福林带的区位

场地最初功能是陕西钢铁厂，老钢厂由于经营不善、产能淘汰等多种因素，于 1999 年停产，后来于 2002 年被西安建大科教产业公司收购。收购后的原址被规划改造成三部分，分别是华清学院、创意园区和商品住宅。重构后的老钢厂大部分建筑和空间得以保留，相继再利用为教学楼、创意街区等功能空间，部分场地腾退后被开发为商品住宅后增加了营收。虽然经过再利用后的老钢厂重新被赋予了新的功能，但是再利用后的功能无论是在空间还是文化上都很难将老钢厂的历史价值充分发挥，而且由于学校的功能和场所属性，在区域协调发展上，园区还存在活力和经济欠佳的弊端。由于政策和学校远景规划等原因，华清学院于 2020 年计划搬迁，华清国际创意产业园是基于华清学院搬迁后对场地的最新一轮规划再利用，改造现状与范围如附图 2.2 所示。新规划的华清国际创意产业园是以场所文脉为主线，融入韧性城市规划理念，集文创办公、教育培训等多种功能为一体，以国际化、现代化的视野打造一处全新的韧性文化创意产业园区。

B　现状梳理

经过再利用为华清学院后，老钢厂虽将厂区物质环境和历史文化得以保留，但是仍然在区域发展方面缺乏主动权和积极性，并且在对老钢厂的文化传承、物质空间和经济效益韧性方面也建设不足。

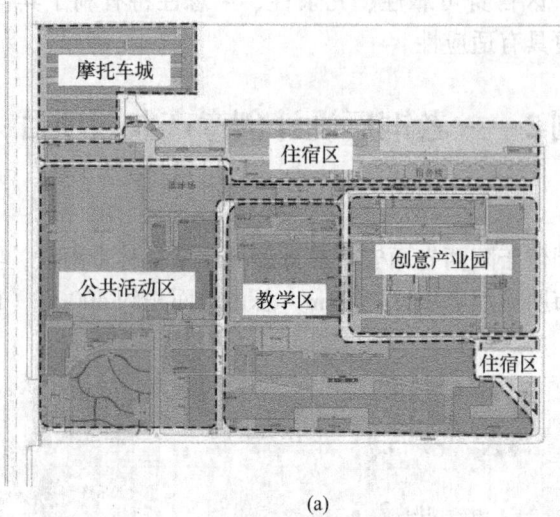

(a)

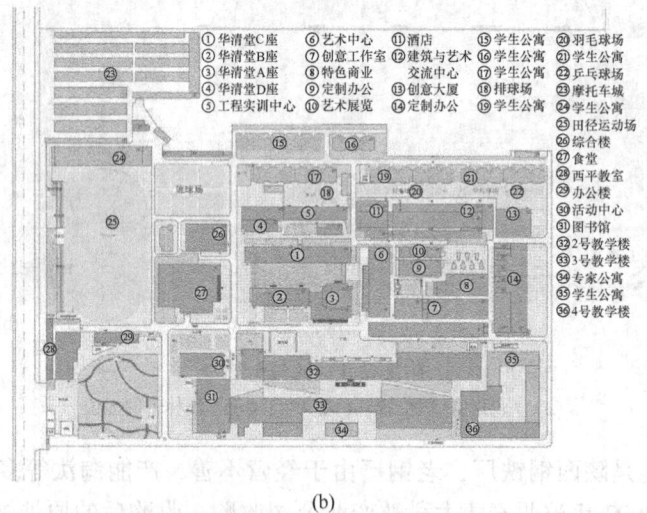

①华清堂C座　⑥艺术中心　⑪酒店　⑮学生公寓　⑳羽毛球场
②华清堂B座　⑦创意工作室　⑫建筑与艺术　⑯学生公寓　㉑学生公寓
③华清堂A座　⑧特色商业　　交流中心　　⑰学生公寓　㉒乒乓球场
④华清堂D座　⑨定制办公　⑬创意大厦　⑱摩托车城　㉓排球场
⑤工程实训中心　⑩艺术展览　⑭定制办公　⑲学生公寓　㉔学生公寓
　　　　　　　　　　　　　　　　　　　　　　　㉕田径运动场
　　　　　　　　　　　　　　　　　　　　　　　㉖综合楼
　　　　　　　　　　　　　　　　　　　　　　　㉗食堂
　　　　　　　　　　　　　　　　　　　　　　　㉘西平教室
　　　　　　　　　　　　　　　　　　　　　　　㉙办公楼
　　　　　　　　　　　　　　　　　　　　　　　㉚活动中心
　　　　　　　　　　　　　　　　　　　　　　　㉛图书馆
　　　　　　　　　　　　　　　　　　　　　　　㉜2号教学楼
　　　　　　　　　　　　　　　　　　　　　　　㉝3号教学楼
　　　　　　　　　　　　　　　　　　　　　　　㉞专家公寓
　　　　　　　　　　　　　　　　　　　　　　　㉟学生公寓
　　　　　　　　　　　　　　　　　　　　　　　㊱4号教学楼

(b)

附图2.2　改造现状与改造范围
(a) 现状功能分区；(b) 现状建筑功能

（1）区域缺乏统筹发展。华清国际创意产业园位于西安市新城区幸福路老工业片区，幸福路老工业区为原苏联援建的产物，该片区被建造成一个类似于"小社会"的社区模式，内部配套设施相对较为全面，包括了中小学、医院、活动中心等机构，能够满足当地居民的绝大部分生活需求。但历经半个世纪已逐渐无法适应当前的发展形势，由于建造年代久远，很多硬件措施年久失修或是相对落后跟不上时代发展的步伐，大大降低了在此居住的人们的生活品质，同时由于城市主城区及其周边大力开发，当前产业中心正逐渐偏离幸福路地区，经济发展速度放缓。作为工业用地规模较大的幸福路地区，现状用地布局混乱、基础设施不足、工业用地产出逐年下滑，产业结构亟须升级，幸福路地区面临着产业结构转型与区域统筹发展的迫切需求，幸福路片区的用地分布如附图2.3所示。

（2）文化传承与创新欠佳。二十世纪五六十年代的陕西老钢厂，到处是一幅机器轰鸣、热火朝天的景象。经历了半个世纪的风风雨雨，这座曾经见证西安工业化发展的老厂

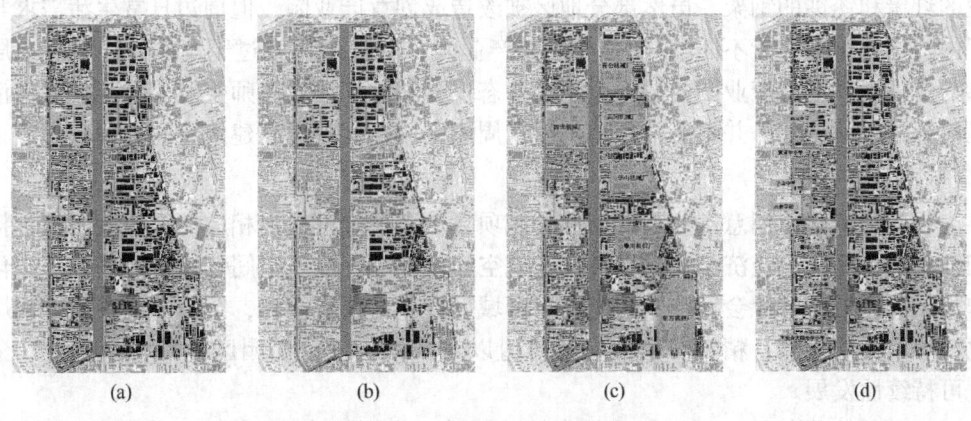

附图 2.3　幸福路片区用地分布

(a) 商业用地；(b) 居住用地；(c) 工业用地；(d) 教育用地

房正逐渐退出历史的舞台，但这里的一砖一木一草一树无不承载着这座旧工业厂房的场所精神。在 2002 年老钢厂被改造成华清学院后，经过近 20 年的发展，已经形成了独特的华清文化。场地不仅是老一代关于工业的记忆场所，更是新一代关于校园的回忆。如今，失去功能的旧厂房犹如一位老者安静地屹立在老钢厂内，向后人述说着城市的发展变化与历史文化，如附图 2.4 所示。优良厚重的文化如何传承发展并体现出独特的文化韧性，是华清国际创意产业园韧性规划面临的难题之一。

(a)　　　　　　　　　　　　　　　　(b)

附图 2.4　老钢厂文化

(a) 钢厂印记展览；(b) 钢厂巷子

(3) 经济效益与社会效益结合不足。厂区内的业态主要包括商业、展览、餐饮、文创等，为校园师生、本地居民和外来游客服务，其中主要消费群体为华清学院师生。园区整体业态单一，韧性经济支撑不足，待华清学院搬走后，没有相对特定的消费群体，同时又缺乏活动交叉与多样的业态支撑，单一业态在遭到外部冲击时易暴露出其稳定性和抗压性的不足。另外，园区整体较为封闭，对外开放性不足，出入口较少，缺乏与外界的交流联系，周边居民也缺乏大型公共空间活动场地。

(4) 建筑空间韧性不足。陕西老钢厂厂房见证了岁月的变迁、时代的变革，承载了西安城市工业化过程中的繁荣与发展。而如今岁月带走了曾经的繁荣，留下高耸的烟囱、斑驳的红墙和锈蚀的钢架。虽然部分地区被改造成创意产业园，但周边日常生活需求与老钢厂内提供的服务功能不匹配，"文化创意产业园"对他们而言过于高端，导致周边居民的参与度不高。创意产业园内的各个功能业态仅能够为华清学院师生及入驻工作室生活在厂区内部的人所服务，并不能很好地辐射到周边区域、有效提高建筑空间利用效率。

C　韧性重构

为提升华清国际创意产业园的韧性，该项目从多种维度提出相应的重构策略，包括区域韧性、文化韧性、经济与社会韧性、建筑空间韧性等。建筑空间韧性作为基础，文化韧性作为灵魂，经济与社会韧性作为支柱，区域韧性作为顶层设计，统筹发展陕西老钢厂的文化价值、美学价值、精神价值、空间价值以及技术价值，使园区韧性、特色性、全面性、可持续性发展。

（1）区域发展韧性。项目所在的幸福路区域，在《西安市新城区国民经济和社会发展第十二个五年规划纲要》中明确提出对幸福路地区进行改造，要利用好军工企业外迁和幸福路地区的改建遗留下的土地资源以及城东区的环境和科教文化资源，吸引大型企业入驻，大力建造研发中心，建立起一套"园区化承载、规模化生产、创新化驱动、产业化发展"科学发展体系，设立当地独特的旅游观光、军工历史展示；大力发展高新技术、文化产业、城市主题公园等，形成多层次、多产业链的韧性经济文化发展区。陕西老钢厂作为城市空间的一部分，其在物质空间、抽象要素方面与城市发展关系密切。老钢厂在城市发展过程中其空间层面逐渐与城市发生断层，但对其再利用需要调整原有的内部空间结构，缝合断裂的城市肌理，打开封闭界面，使其与城市空间重新融合为一体。同时不断改善幸福路区域服务设施，创造良好的居住环境，提高居住品质，使华清国际产业园与幸福路片区相辅相成、相互促进，形成多维联系、韧性冗余的发展结构，如附图2.5所示。

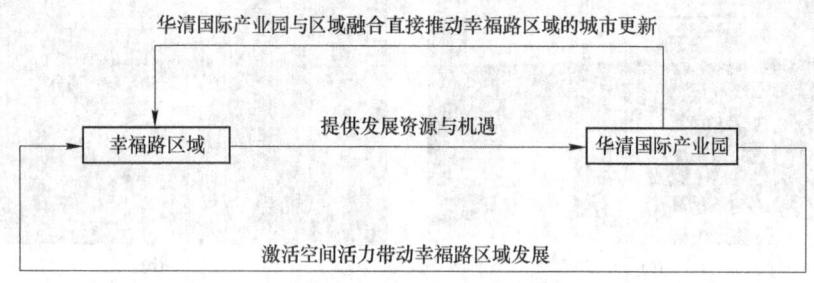

附图 2.5　园区与区域共生关系

（2）文化韧性。老钢厂作为特定历史时期的代表，镌刻着几代人的难忘记忆。文化韧性重构的过程中，充分挖掘老钢厂文化与华清学院文化，将旧工业文化、教育文化的传承与新文化的创新相结合，新老文化交融才能增强文化韧性，达到可持续的发展。如原厂房遗留下的齿轮、轴辊、铁链、阀门和管道等废旧零件，是工业时代特有的产物，代表了工业厂房的性格特征，如附图2.6所示。教室里的图纸、模型、报纸、墙上的海报与课表，是华清时代特有的产物，改造更新中通过拆解、重构等艺术加工手法，赋予废弃零件与旧报纸等新的使用功能，成为独具匠心的节点要素，使其在场所中延续历史文脉，焕发新的活力。

（3）经济与社会韧性。陕西老钢厂创意产业园区的主要业态分为四大部分：核心产业（文化创意）、辅助产业（文体教育）、国际活动（会展娱乐）、服务设施（商业娱

(a)   (b)

附图 2.6 园区景观节点

(a) 旧齿轮；(b) 旧指示标志

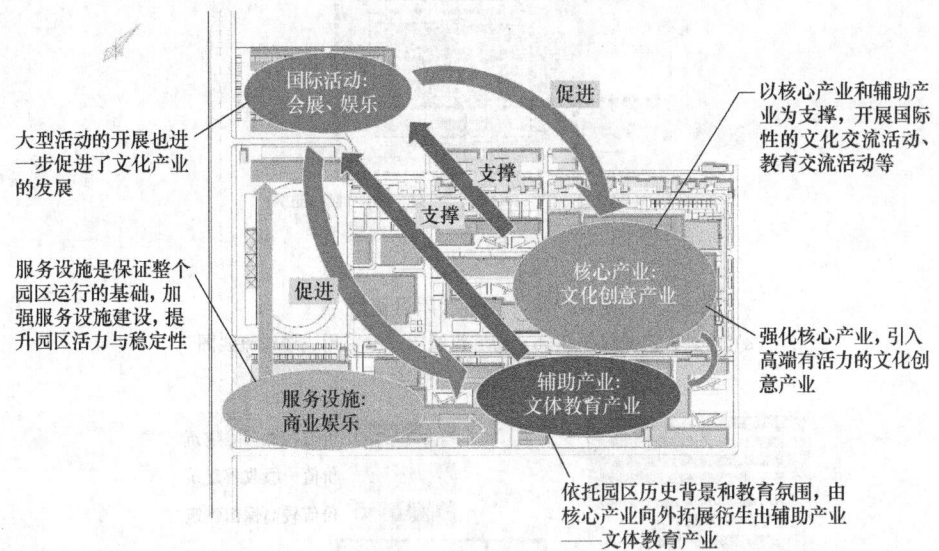

附图 2.7 园区产业结构

乐），可细分为商业、文化展览、餐饮、文创办公、教育、体育休闲等，如附图 2.7 所示，为本地居民、办公人员和外来游客服务。对本地居民的办公、文化、教育、体育、购物等服务功能为主体系统，对外来游客的旅游度假、展览会议等国际性功能为客体功能。通过打造功能复合、设施完善、流线通畅的园区空间，如附图 2.8 所示，扩充场地人群，加强活动交叉，增加业态支撑，增强场地氛围感，使园区在遭到外部冲击时保持稳定性。

（4）建筑空间韧性。首先对老钢厂内建筑价值进行充分评估，以便于后期针对不同保留价值的建筑进行针对性方案设施，如附图 2.9 所示。

重构后的老钢厂从建筑内部、外部空间两方面进行韧性再利用。对于建筑外部空间，采用"微更新""针灸式"方法对风貌全无、结构隐患大的建（构）筑物进行拆除，对仍有历史文化保留价值的建（构）筑物进行修复利用，改造为景观小品等功能空间，重新整合空间形态，梳理交通，打造功能轴线与观光流线并行的空间序列，同时提高空间节点之间的多维联系和通达性，提升空间韧性。

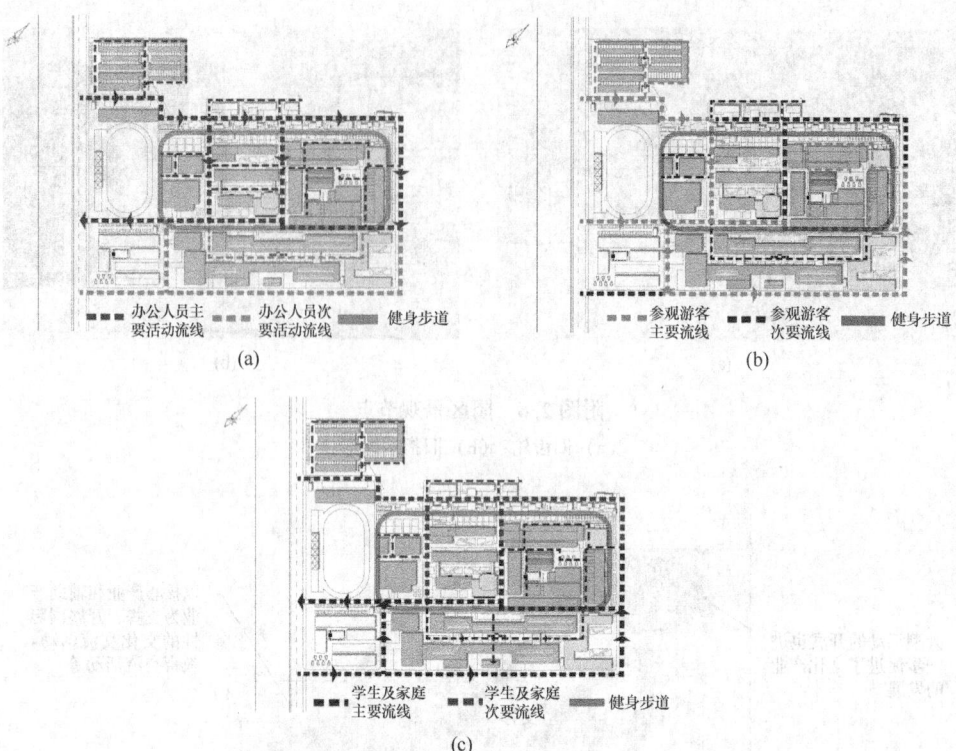

附图 2.8　改造后园区流线

（a）办公人员流线图；（b）游客流线图；（c）周边居民流线图

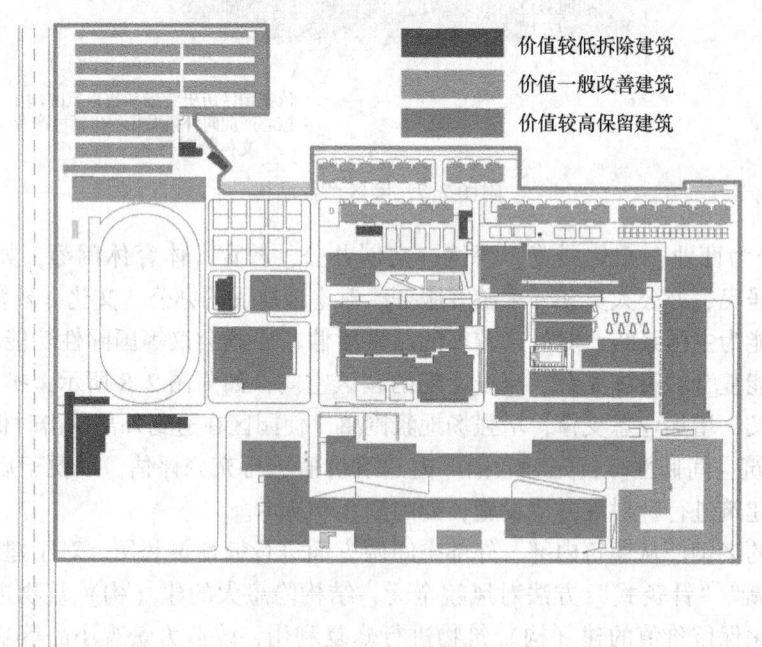

附图 2.9　老钢厂基地内部建筑价值分布

建筑内部空间方面，充分利用老钢厂建筑大尺度空间的优势，将其空间改造为多种功能空间，提高空间韧性，如附图2.10所示。

例如，重构后的办公楼和创意园区餐饮中心，如附图2.11所示。利用原有建筑空间模数化及尺度大的特征，将单一空间尽可能增加多种功能，实现功能的适应性变化，为风险来临时做出功能切换提供物质基础。

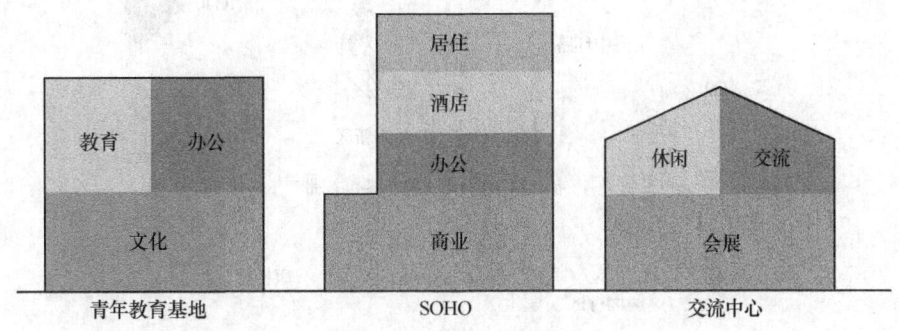

附图2.10 空间的多功能性

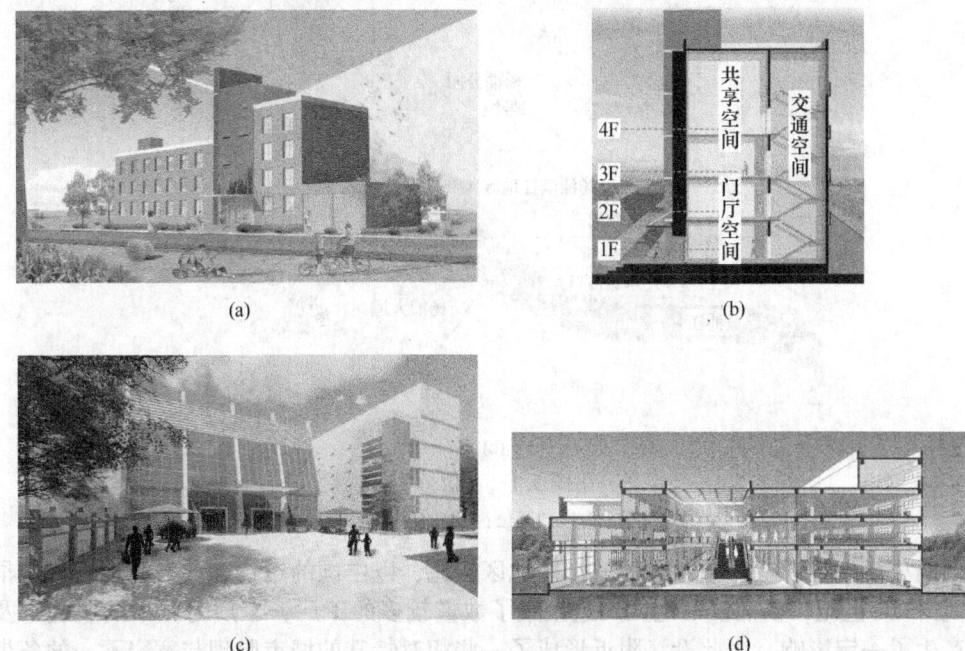

附图2.11 建筑空间韧性重构

（a）重构后办公楼外观；（b）重构后办公楼空间；（c）重构后餐饮中心外观；（d）重构后餐饮中心空间

案例3——上海杨浦滨江工业区项目

A 项目概况

杨浦滨江位于上海黄浦江岸线东端，全长15.5km，其滨江岸线是黄浦江沿岸五个区中最长的。杨浦滨江主要分为南、中、北三段，南段从秦皇岛路到定海路，中段从定海路至翔殷路，北段从翔殷路至闸北电厂，如附图 3.1 所示。

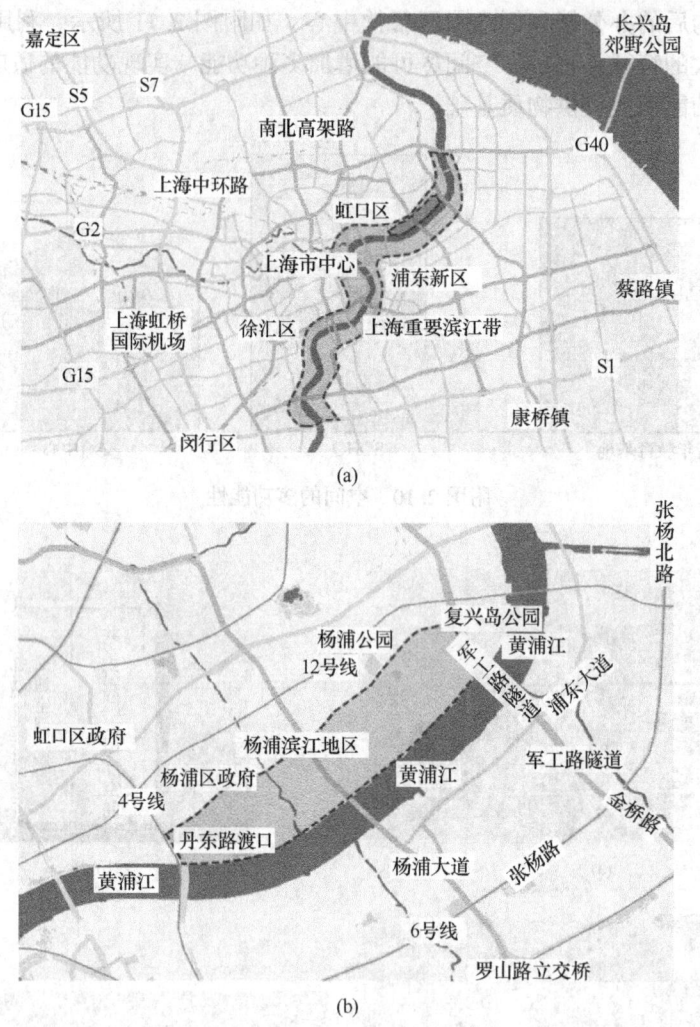

(a)

(b)

附图 3.1　区位分析

（a）滨江带在上海市的区位；（b）杨浦滨江地区的区位

　　杨浦滨江地区和上海城市其他滨江区地区相比，以中国的近代工业发源地著称。早在19 世纪末 20 世纪，杨浦滨江地区周边聚集了数量较多的工厂，工厂对城市的肌理以及用地都产生了一定影响。因此沿江附近形成了一些相对特殊的城市肌理与宽窄不一的条带状独立用地，这些工厂也把滨江地区和城市的生活空间隔断开来。长此以往，大多数当地人逐渐忽略这里原本丰富的生态、空间、文化等资源。随着传统工业没落，城市产业结构面临调整，工厂逐渐迁出，杨浦滨江地区迎来了城市更新发展的重要转折点。在接下来一系列的城市保护与更新中，杨浦滨江地区重视生态保护与可持续生态系统的建立，强调空间对城市发展的弹性预留，不断增强经济的稳定性及抗压性，延续当地文化特色，更新成果较好，受到游客和居民的喜爱，是地区韧性重构的典型案例。

　　B　现状梳理

　　（1）生态环境韧性不足。杨浦滨江地区在城市发展过程中，早期由于工业建设等原因，周边生态环境受到了较大的影响，土壤植被不断被污染，空气质量不断下降。为了降低污染、减少排放等，在景观设计方面引用了一定数量的外来植物。本土植物是在当地的气候及环境的考验下生存下来的，能够适应当地环境，并且具有较强抵御能力。但随着时间流逝，外来植物物种与本土植物对生存环境进行竞争，也对当地的河流、岸线、道路等方面都带来了一定程度的影响，导致本土植物不断减少，对滨水区的灾害抵御能力造成了较大的损害。

（2）空间弹性缺乏。当前杨浦滨江地区的存量地块，现状条件较为复杂，各种空间预留不足。当风险或灾害来临时，空间的风险灾害应对能力极为不足。如附图 3.2（a）所示，现状城市道路的宽度普遍较窄，密度较小，不适宜大流量的交通通行。杨浦滨江周边的城市空间较为拥挤，空间布置不合理，且出现破败混乱的景象，尤其周边的城市居民区域，如附图 3.2（b）所示，区域内建筑密度较大，且建筑质量不高，居民生活环境较差。同时，由于建筑密度较大，周边公共空间较为缺失，给当地居民与外来游客的生活带来不便。从城市发展角度来看，杨浦滨江地区的城市空间应对未来的发展弹性不足。

(a)

(b)

附图 3.2　杨浦滨江地区空间
(a) 城市道路；(b) 城市空间

（3）基础设施应灾能力弱。滨江地区作为灾害高发地区，防汛工程的建设需达到千年一遇的防汛建设标准，一般标高需在绝对标高 7m 以上才能杜绝江水泛滥的可能性。但是杨浦滨江地区的高水位在吴淞高程 4m 以上，场地的标高却普遍在 3m 左右。这就表示每年大暴雨来临时，仍然会造成内涝现象。如今雨水多发，地区对暴雨灾害或者某些特殊灾害的抵御能力显然不足。

（4）经济稳定性较差。在连续的建设过程中，杨浦滨江地区的生产功能逐渐被消费功能所代替。但是目前杨浦滨江地区的业态种类较为单一，大多数商业均为餐饮店铺、日常生活商业以及部分面向外来游客的店铺之外，其他业态分布较少。较为单调的业态组合无法让市民、游客真正停留或漫游在滨江空间，且不利于形成片区稳定独立的经济状态。当今疫情时期，场地的经济抗压性较差，外来游客消费力的下降将对场地造成较大打击。

（5）公众参与不足。大部分的规划容易受到政府视角以及专业视角的局限，忽视公众的多元化诉求；并且公共参与的主体意识仍然淡薄，长期习惯于被动接受，而缺少参与共同治理的热情，远未形成社会参与的治理框架，导致规划难以落地，场地内部的自发稳定性较弱。

（6）本土文化延续性差。杨浦滨江地区在上海众多滨江地区中，以工业发源地著称，拥有一批各具特色的工业遗存。但是当前的保护多注重于物质文化遗产，对市民的归属感与精神认同感考虑较少，对一些非物质文化、场地氛围感、深入细部的文化元素重视不足。对于当地居民来说，地区归属感不足，对当地的文化了解及传承较弱。

C　韧性重构

a　生态韧性重构策略

杨浦滨江的生态系统营造中，设计旨在最小程度干预自然场地，最大程度获得设计效果。在保持原有大致风貌的基础上，重新梳理了场地的水生植物，对原来的一些原生植物和乡土植物进行了补种，如蒲苇、粉黛乱子草等，如附图 3.3 所示。同时尽可能保留芒草、狼尾草和芦苇等植被。

(a)　　　　　　　　　　　　　　　　(b)

附图 3.3　场地原生植物

(a) 蒲苇；(b) 粉黛乱子草

结合周边场地地形设置滞留生态沟、雨水花园、雨水湿地等设施，提高公共环境质量的同时，增强区域海绵城市的效应。如附图 3.4 所示，雨水湿地、雨水花园以及渗水广场

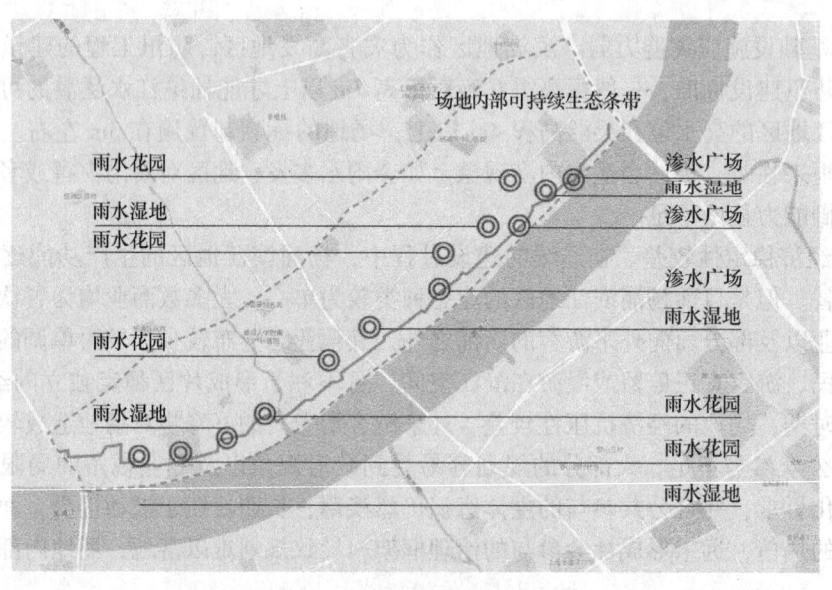

附图 3.4　场地可持续景观条带

等可以在雨天进行雨水回收与储水，并在之后用于景观或者绿地的灌溉。通过雨水花园、雨水湿地、渗水广场交替综合布置，形成连续的生态走廊，加强场地内部的生态系统稳定性，同时也能在暴雨灾害来临时，通过滞蓄等功能，削减洪峰流量，减缓雨水的排入，在高峰时期缓解了城市排水的压力。

除此之外，杨浦滨江注重景观生态的可持续发展，很好地呈现了海绵城市"渗""蓄""滞""净""用""排"的技术要点。如附图3.5和附图3.6所示，原有的场地地势较为低洼，场地内部经常由于雨后积水形成内涝。场地中大面积使用透水铺装，结合了一些下凹式绿地布置方式，对雨水进行收集，并且利用土壤来吸纳雨水，进行雨水的净化和再次利用，不仅减缓雨水向城市管网的快速汇流，同时能够通过土壤的净化功能，改善城市的微环境。

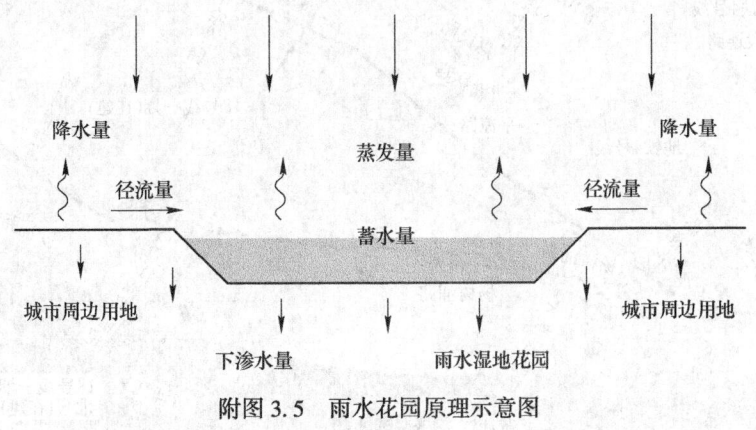

附图3.5　雨水花园原理示意图

(a)　　　　　　　　　　　　　　　　(b)

附图3.6　生态可持续发展
(a) 生态景观条带；(b) 透水铺装

b　空间韧性重构策略

在交通空间方面，提倡公共交通，以公共交通为导向，规划建立可持续的绿色步行交通系统与高效通行的立体路网组织，尽可能减少私家车的出行方式，避免破坏或者拓宽现状道路来满足交通流量。同时考虑了道路的地下化，以及高架桥架设的可能性，高效利用城市空间，为核心的商业及公共设施部分准备足量的停车位；并且道路规划将与公交站点、地铁站乃至水上交通节点接驳，如附图 3.7 所示。同时道路设计更加注重"人"的需求，在打造开放滨江界面的基础上，还尽可能地增加了供当地居民生活运动的跑道，以提高公共体育设施的普及，如附图 3.8 所示。通过提升环境质量和无障碍设施，创造了对人行友好的城市公共廊道，为杨浦滨江地区提供了持续活力和内在动力，加强了场地内部自身的稳定性。

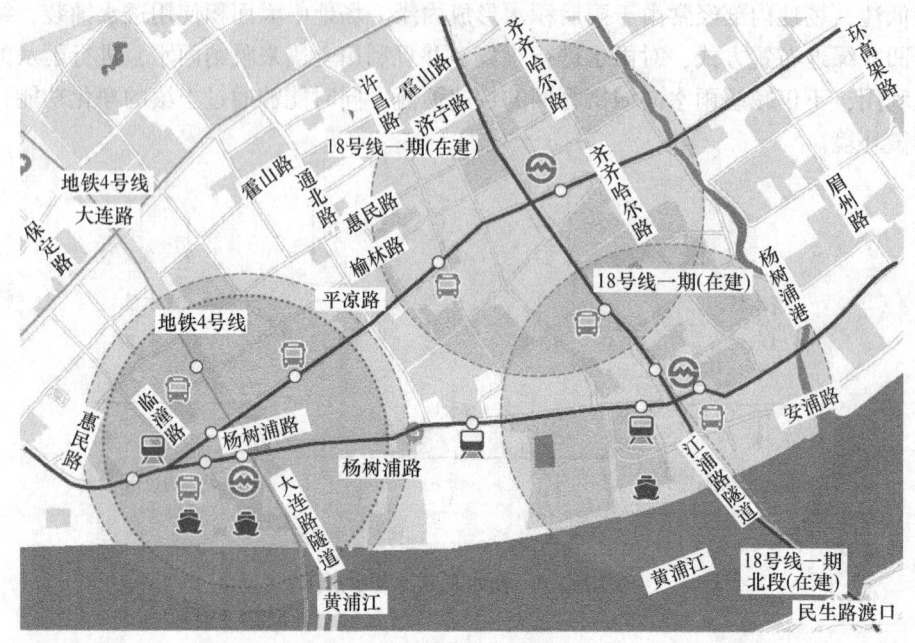

附图 3.7　杨浦地区 TOD 开发模式

(a)　　　　　　　　　　　　　　　　　(b)

附图 3.8　杨浦滨江地区城市公共空间
(a) 漫步带；(b) 博览带

在建筑空间方面，利用杨浦滨江的历史特色，对众多旧工业建筑进行改造，植入新的演艺活动、景观观光等功能，与楔形绿地相结合，构建起工业建筑与公共空间之间的立体连接。附图 3.9 原是上海烟草公司机修仓库，建于 1996 年，6 层钢筋混凝土厂房，设计巧妙利用建筑一层层高 7m、柱跨净距超过 4m 的条件，使得道路下穿成为可能。将仓库中间三跨的上下两层打通，取消所有分隔墙，以满足市政道路的净高和净宽建设要求；并借此机会在建筑底层设立公共交通站点，将建筑编织进区域交通网络，既保留了建筑，又突破了用地权属的单一，实现了使用权的垂直划分。为了实现城市与江岸自由的衔接，整座建筑还通过城市道路、坡道、楼梯、双螺旋中庭等多种交通空间在不同高度、不同方向上进行连接，使得"绿之丘"成为一座立体的、通透的、变化的、可漫游的城市公园。

(a)　　　　　　　　　　　　　　　(b)

(c)　　　　　　　　　　　　　　　(d)

附图3.9　"绿之丘"建筑空间更新

(a) 建筑与绿化结合（一）；(b) 建筑与绿化结合（二）；(c) 建筑与交通结合（三）；(d) 建筑与交通结合（四）

c　基础设施韧性策略

由于早期工业生产场地内部建造了大量的工业设施，工业生产功能转变后，遗留了大量的工业构筑物，如防汛墙、浮动限位桩、老码头地面与系船柱、钢廊架、钢栈道与水管灯等。同时紧邻江边的防汛墙外还遗留了一系列生产设施，以及拦污网、隔油网和防撞柱等防护设施，客观上形成了杨浦滨江贯通工程中的最长断点。重构过程中，在原有市政设施的基础上，结合城市韧性设计，景观设计师与水利工程师合作，将原来比较单一的防洪墙改造成了能够丰富景观地形的两级系统，在保证通往江面的视觉通廊的同时，稳定生长并且能够抵御台风。在工业构筑物集中的地方，植入许多艺术空间、户外活动空间，引入交通、休憩、种植等功能，将景观步行桥整合其中形成公共水上栈桥，提供新的观赏江景和观赏水厂历史建筑的双向角度，产生悬浮于江上的独一无二的漫游体验。增加场地景观性，吸引外来游客，如附图3.10所示。

d　经济韧性策略

在杨浦滨江的重构过程中，通过将原本相对单一的业态进行调节，真正让市民游客坐下来，停留在这个滨江空间。在业态植入时，以工业文化为核心，植入了大量的文博展览

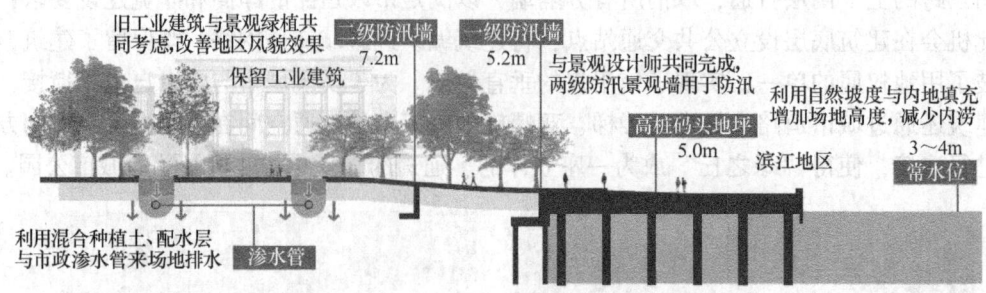

附图 3.10　滨江典型剖面

类、文化体验类以及文化创意类的业态，打造了百年的工业博览带。例如，灰仓艺术中心，前身是原杨树浦电厂的干灰储存罐，电厂搬迁后，灰仓保留了储灰罐黄灰色相间的金属立面特征，通过架设新的交通体系，注入观光展示功能后作为展示空间，举行艺术展览，举办各种活动，是杨浦滨江厂区再生利用的重要场所之一，如附图 3.11（a）所示。随着一些活动的举办，公共空间也成为户外的大型展场，提供许多艺术体验类项目。如附图 3.11（b）所示，2019 年上海城市空间艺术节在杨浦滨江南段举办，以滨水空间的工业遗产再生利用为主题，通过"艺术植入空间""展览与实践"相结合的方式，给工业遗产以新的生命，使杨浦滨江成为一个集生态休闲、艺术交流、商业娱乐为一体的复合型城市滨江空间，满足了多方的利益需求，利用自身的产业经济优势带动了整个杨浦滨江地区的发展。

附图 3.11　杨浦滨江地区经济形式
（a）灰仓艺术中心；（b）杨浦滨江城市空间艺术节

　　e　政策韧性策略

　　杨浦滨江地区的更新，是政府、市场、公众三方合作来治理的过程。如附图 3.12 所示，通过政府的主导，进行统筹的规划与整体的把握；通过市场的运作，增加资金的投入与利益共享；通过公众的参与对需求进行调研与研究，众筹民智。在这样的合作治理模式之下，政府转变了治理的理念，运用控制、引导、激励等多重手段，主动地邀请各类市场主体与社会公众参与杨浦滨江地区城市空间的治理过程。在空间规划编制、审批、实施等规划中的各个环节，推动多元主体的深度参与，使多方利益的相关者达成共识，从而能够发挥多元主体的合作共治作用。

　　f　文化韧性策略

　　在物质文化方面，杨浦滨江地区拥有大量的工业遗迹，包括将近 200 栋的历史建筑与

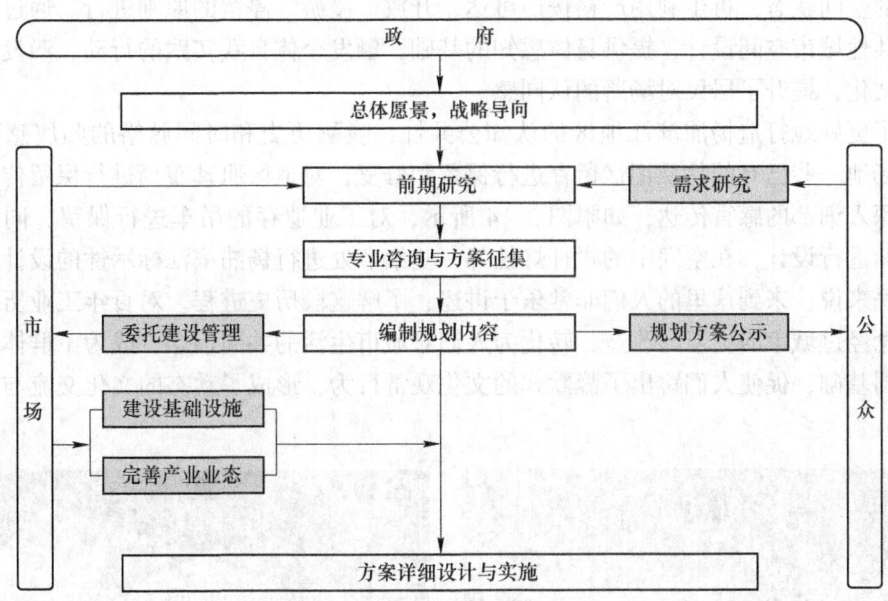

附图 3.12 政策结构

4 处十分珍贵的工业构筑物。虽然建造的时代大不相同，但是都具有特定的时代意义和保存价值。如附图 3.13 所示，重构时，设计将历史建筑分区集中，分片保护，通过部分的建筑平移和复建相结合，建造了疏密有致的空间格局，在保存历史建筑的同时，也对其进行更新。新旧融合，不但保持场地原有地块的肌理完整性，同时也提升了土地价值，打造了拥有历史厚度和温度的滨江片区。

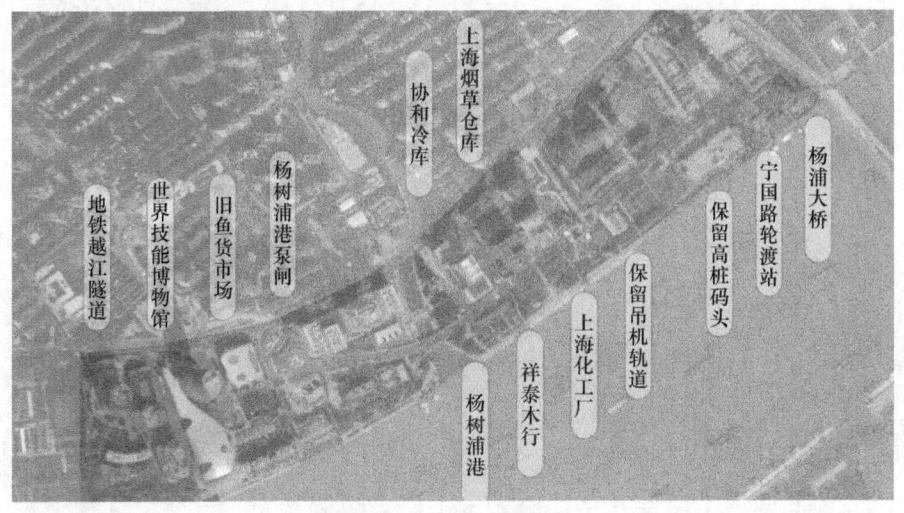

附图 3.13 物质文化条带

在精神文化与场地认同性方面，老杨浦滨江地区功能划分过于清晰，住宅、工业、休憩、交通等功能基本不交融。过渡空间以及公共生活的缺失，造成了邻里关系之间的冷漠，对场地的精神认同感有所破坏。为了将原本封闭的滨江岸线打开，并且彻底调整临江不见江的空间状态，再生利用严格按照可达、开放、漫游、停留的原则进行。通过充分开放的公共性城市空间设计，提供身体感知的基础，触发个体自我实践的行动，激发了场所的精神文化，提升了居民对场所的认同感。

为了更好地打造杨浦滨江地区的认知公共性，唤醒历史和时间脉络的归属感和认同感，对场地一些已有的物质记忆留存进行保留和修复，对地区肌理布局进行保留传承。同时注重深入细部的感官传达，如附图3.14所示，对工业遗存的吊车进行保留，同时对吊车下空间进行设计，在空间中的栏杆灯柱等一些细节处进行杨浦滨江标示性的设计。对于当地居民来说，来到这里的人们非常乐于讲述、了解这段历史进程。对百年工业历程的尊重和纪念经过城市的更新与改造，转化为人们对城市生活的共同信念，成为了群体互动交流的共同基础，促使人们跳出了静默式的文化观赏行为，形成了动态的文化交流与传承的过程。

(a)　　　　　　　　　　　　　　　　　(b)

附图3.14　物质文化保留

(a) 工业吊车保留；(b) 吊车下空间再改造

参 考 文 献

[1] 李慧民. 土木工程再生利用价值分析 [M]. 北京：科学出版社，2021.

[2] 陈旭，李慧民，田卫，等. 旧工业建筑再生利用利益机制与分配决策 [M]. 北京：中国建筑工业出版社，2020.

[3] 仇保兴. 迈向韧性城市的十个步骤 [J]. 现代城市，2020，15（4）：3.

[4] 高见，邬晓霞，张琰. 系统性城市更新与实施路径研究——基于复杂适应系统理论 [J]. 城市发展研究，2020，27（2）：62~68.

[5] 张春英，孙昌盛. 国内外城市更新发展历程研究与启示 [J]. 中外建筑，2020（8）：75~79.

[6] 俞孔坚，李迪华，袁弘，等. "海绵城市" 理论与实践 [J]. 城市规划，2015，39（6）：26~36.

[7] 张楠. 把增强韧性作为智慧城市发展主轴 [N]. 中国应急管理报，2020-07-18（3）.

[8] 刘见学. "双创" 背景下旧工业建筑空间改造提升设计研究 [D]. 济南：齐鲁工业大学，2021.

[9] 朱雪. 城市更新背景下旧工业空间转型研究 [D]. 开封：河南大学，2019.

[10] 袁芳. 工业遗产保护视野下的旧厂房空间改造研究 [D]. 成都：成都大学，2021.

[11] 唐悦. 既有工业建筑内部空间适应性改造研究 [D]. 郑州：郑州大学，2018.

[12] 范宇轩. 城市旧工业区更新中的景观设计研究 [D]. 苏州：苏州大学，2018.

[13] 沈敏. 叙事学视角下的工业遗产保护与再利用交通空间规划设计研究——以湖北黄石华新水泥厂为例 [D]. 北京：北京建筑大学，2018.

[14] 李岩峰，尹家骁，刘朝峰，等. 基于投影寻踪聚类的供水管网地震韧性评估 [J]. 中国安全科学学报，2020（6）：152~157.

[15] 李鸣轩. 基于 AHP-TOPSIS 法的大型商业综合体消防韧性评估 [D]. 北京：中国矿业大学，2019.

[16] 谭术魁. 土地资源学 [M]. 上海：复旦大学出版社，2011.

[17] 陈刚，王琳，王晋，等. 基于景观生态格局的水生态韧性空间构建 [J]. 人民黄河，2020，42（5）：87~90，96.

[18] 陈天，李阳力. 生态韧性视角下的城市水环境导向的城市设计策略 [J]. 科技导报，2019，37（8）：26~39.

[19] 许燕婷. 京津冀城市群城市发展韧性的时空分异特征及其影响因素分析 [C] //面向高质量发展的空间治理——2020 中国城市规划年会论文集（01 城市安全与防灾规划），2021：435~442.

[20] 李国庆. 韧性城市的建设理念与实践路径 [J]. 人民论坛，2021（25）：86~89.

[21] 李晓娟，李璐璐，朱月月. 韧性城市恢复能力评价研究 [J]. 工程管理学报，2021，35（4）：48~52.

[22] 孟海星，贾倩，沈清基，等. 韧性城市研究新进展——韧性城市大会的视角 [J]. 现代城市研究，2021（4）：80~86.

冶金工业出版社部分图书推荐

书 名	作 者	定价
冶金建设工程	李慧民　主编	35.00
土木工程安全检测、鉴定、加固修复案例分析	孟　海　等著	68.00
历史老城区保护传承规划设计	李　勤　等著	79.00
老旧街区绿色重构安全规划	李　勤　等著	99.00
岩土工程测试技术（第2版）（本科教材）	沈　扬　主编	68.50
现代建筑设备工程（第2版）（本科教材）	郑庆红　等编	59.00
土木工程材料（第2版）（本科教材）	廖国胜　主编	43.00
混凝土及砌体结构（本科教材）	王社良　主编	41.00
工程结构抗震（本科教材）	王社良　主编	45.00
工程地质学（本科教材）	张　荫　主编	32.00
建筑结构（本科教材）	高向玲　编著	39.00
建设工程监理概论（本科教材）	杨会东　主编	33.00
土力学地基基础（本科教材）	韩晓雷　主编	36.00
建筑安装工程造价（本科教材）	肖作义　主编	45.00
高层建筑结构设计（第2版）（本科教材）	谭文辉　主编	39.00
土木工程施工组织（本科教材）	蒋红妍　主编	26.00
施工企业会计（第2版）（国规教材）	朱宾梅　主编	46.00
工程荷载与可靠度设计原理（本科教材）	郝圣旺　主编	28.00
土木工程概论（第2版）（本科教材）	胡长明　主编	32.00
土力学与基础工程（本科教材）	冯志焱　主编	28.00
建筑装饰工程概预算（本科教材）	卢成江　主编	32.00
建筑施工实训指南（本科教材）	韩玉文　主编	28.00
支挡结构设计（本科教材）	汪班桥　主编	30.00
建筑概论（本科教材）	张　亮　主编	35.00
Soil Mechanics（土力学）（本科教材）	缪林昌　主编	25.00
SAP2000结构工程案例分析	陈昌宏　主编	25.00
理论力学（本科教材）	刘俊卿　主编	35.00
岩石力学（高职高专教材）	杨建中　主编	26.00
建筑设备（高职高专教材）	郑敏丽　主编	25.00
岩土材料的环境效应	陈四利　等编著	26.00
建筑施工企业安全评价操作实务	张　超　主编	56.00
现行冶金工程施工标准汇编（上册）		248.00
现行冶金工程施工标准汇编（下册）		248.00